■ 民族地区技能人才培养专业教材

总主编 张 健 副总主编 王贵红 程国建

Office办公软件
实例教程

Office BANGONG RUANJIAN SHILI JIAOCHENG

主　编○周雪莲　马文君

副主编○周彦佳　马　雪　朱广玉　马英花

参　编○艾炜婷　刘银涛　龙　娅　金　沙
　　　　陆　草　杨　博　周纯然

U0223377

重庆大学出版社

内 容 简 介

本书采用实例组织教学内容,将基础知识和能力拓展相结合,叙述详尽,概念清晰。全书所选实例贴近学生的生活,生动有趣。本书以"Office办公知识的讲解"为主,以"实际应用案例的解析"为辅,全面系统地对Office应用程序中的三大组件进行了阐述。全书共三个模块,10个实例,通过实例主要对Office的功能、工作界面、基本操作等内容进行了介绍。Word应用部分,依次对Word文档的创建、编辑、美化、图文混排等内容进行了详细的阐述;Excel应用部分,依次对Excel电子表格的新建、数据的录入、工作表的格式化、公式与函数的应用、数据的分析与处理等内容进行了系统的阐述;PowerPoint应用部分,依次对PowerPoint演示文稿的创建、幻灯片的制作与管理、母版的应用、动画效果的设计、切换动画的设计、演示文稿的放映与输出等内容进行了全面的阐述。

图书在版编目(CIP)数据

Office办公软件实例教程／周雪莲,马文君主编
. -- 重庆:重庆大学出版社,2021.9
ISBN 978-7-5689-2628-7

Ⅰ.①O… Ⅱ.①周… ②马… Ⅲ.①办公自动化—应用软件—中等专业学校—教材 Ⅳ.①TP317.1

中国版本图书馆CIP数据核字(2021)第101509号

Office办公软件实例教程

主 编 周雪莲 马文君
责任编辑:杨 漫 版式设计:杨 漫
责任校对:王 倩 责任印制:赵 晟

*

重庆大学出版社出版发行
出版人:饶帮华
社址:重庆市沙坪坝区大学城西路21号
邮编:401331
电话:(023)88617190 88617185(中小学)
传真:(023)88617186 88617166
网址:http://www.cqup.com.cn
邮箱:fxk@cqup.com.cn(营销中心)
全国新华书店经销
POD:重庆新生代彩印技术有限公司

*

开本:787mm×1092mm 1/16 印张:6 字数:144千
2021年9月第1版 2021年9月第1次印刷
ISBN 978-7-5689-2628-7 定价:16.00元

前言 Qianyan

本书依据现代职业教育"以学生为中心，以能力为主导，以就业为导向"的总体教育理念的要求，结合中职学生日常学习生活以及职业能力的要求而编写。本书通过实例的形式，对 Office 系列软件中的 Word、Excel、PowerPoint 的基本知识点和使用方法进行了详细讲解，将知识点融入实例中，帮助学生从零开始、由浅入深、循序渐进地掌握相关技能。

本书采用模块化的体例编写，共分为三个模块。模块一为 Word 文档的操作，通过制作"演讲比赛"通知、制作"演讲比赛"评委邀请函、设计"演讲比赛"活动宣传海报和制作"演讲比赛"成绩汇总表格四个实例，讲解应用到的 Word 文档的编辑知识；模块二为 Excel 电子报表的制作，通过课程表的制作、销售业绩统计分析表、期末成绩处理表、年度销售统计表四个实例，讲解了电子表格的制作与编辑、公式及函数应用、数据管理、表格设置及图表应用等知识点；模块三为 PowerPoint 演示文稿的制作，通过两个实例，讲解了创建演示文稿和美化演示文稿的方法。

每个模块包括学习目标、任务描述、操作步骤、知识链接、课后习题五个板块。各个板块学习目标明确、任务描述清楚、操作步骤简单明了、知识链接丰富多彩，课后习题紧密结合知识点，满足了学生"学"与"练"的要求。

本书配套资源包括书中实例和习题涉及的素材与文件、电子课件、电子教案以及微课视频。

本书可以作为中等职业学校办公自动化课程的教材，也可以作为办公软件初学者的自学教材。

本书得到重庆市教育科学研究院和重庆大学出版社的大力支持和帮助，我们在此表示衷心的感谢！对本书存在的疏漏与不足，恳请大家批评指正，以便改进和完善。

编 者
2021 年 3 月

目录

模块一 *Mokuaiyi*

Word 文档的操作

概　述

　　Word 文档的操作是计算机从业者特别是文秘相关从业者的基本岗位能力之一,包括文档的录入、编辑、图文混排、表格的插入及编辑,以及文本打印输出等。

　　本模块以项目为导向,结合岗位能力需求,贴近学生学习与生活,帮助学生解决现实中遇到的问题,激发学生的学习兴趣和学习主动性。在实例的设计上,由浅入深,画面简洁美观,让学生在愉悦的氛围中学习专业技能,掌握 Word 文档的基本操作。

技能目标

- 学习设置文档页面、录入文本及符号的方法
- 掌握文档格式的设置、图文的混排及字符段落属性的设置
- 掌握文档的版面设计、艺术字的添加及图片的调整
- 掌握 Word 文档中表格的设置和应用

实例 1　制作"演讲比赛"通知——Word 文档编辑

【学习目标】
- 了解设置文档页面和录入文本的方法
- 了解设置文档字符格式和段落格式的方法
- 了解文字或段落添加边框和底纹的方法

【任务描述】

新学期伊始,全国中等职业技术学校"文明风采大赛"的演讲比赛也拉开了帷幕。张明是学校演讲社团的社长,老师安排张明发出一份通知,提醒全校师生按照通知要求积极参加演讲比赛。

本任务制作的活动通知效果如图 1-1 所示。

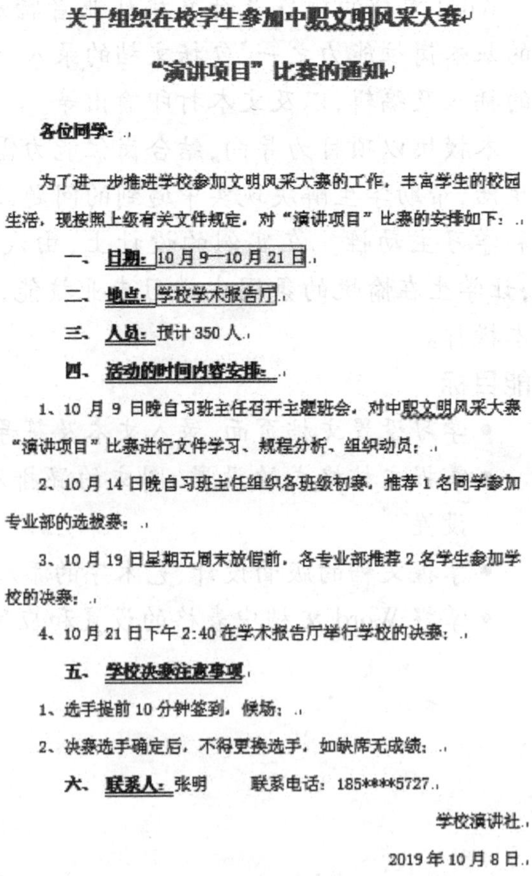

2

关于组织在校学生参加中职文明风采大赛

"演讲项目"比赛的通知

各位同学:

为了进一步推进学校参加文明风采大赛的工作,丰富学生的校园生活,现按照上级有关文件规定,对"演讲项目"比赛的安排如下:

一、 日期：10月9—10月21日

二、 地点：学校学术报告厅

三、 人员：预计350人

四、 活动的时间内容安排

1、10月9日晚自习班主任召开主题班会,对中职文明风采大赛"演讲项目"比赛进行文件学习、规程分析、组织动员;

2、10月14日晚自习班主任组织各班级初赛,推荐1名同学参加专业部的选拔赛;

3、10月19日星期五周末放假前,各专业部推荐2名学生参加学校的决赛;

4、10月21日下午2:40在学术报告厅举行学校的决赛;

五、 学校决赛注意事项

1、选手提前10分钟签到,候场;

2、决赛选手确定后,不得更换选手,如缺席无成绩;

六、 联系人：张明　　　联系电话：185****5727

学校演讲社

2019年10月8日

图 1-1 "演讲比赛"通知效果图

【操作步骤】

1. 启动 Word 2010，系统默认创建一个以"文档1"为名的文档。单击"文件"选项卡，在展开的列表中选择"文件"→"另存为"，如图 1-2 所示。在"浏览"中选择"保存位置"为"桌面"，在"文件名"编辑框中输入文档名称"演讲比赛通知"，单击"保存"，如图 1-3 所示。

图 1-2　保存文档

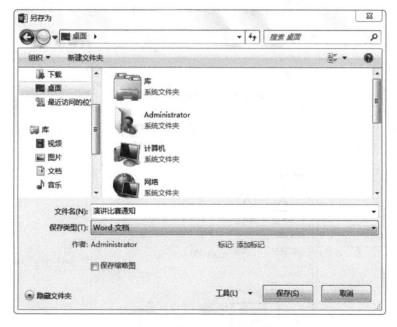

图 1-3　选择文件保存位置

2. 切换到"页面布局"选项卡，在"页面设置"组中单击"纸张大小"按钮，在展开的列表中选择"A4 21 厘米×29.7 厘米"选项，如图 1-4 所示，完成对纸张大小的设置。

单击"页边距"按钮，在展开的列表中选择"自定义边距"，打开"页面设置"对话框，设置上下边距为 2 厘米，左右边距为 3 厘米，如图 1-5、图 1-6 所示。

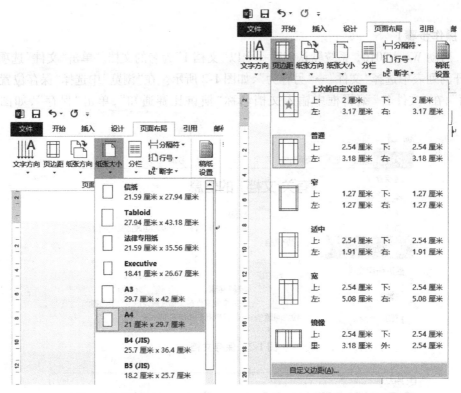

图 1-4　设置纸张大小　　　　　　　　图 1-5　"页边距"下拉列表

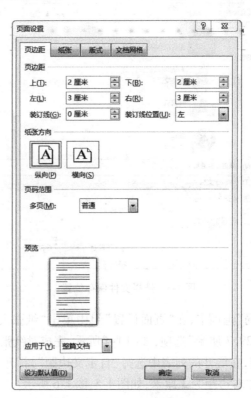

图 1-6　设置页边距

3. 选择一种中文输入法，从页面的起始位置开始输入文字。如需换行，可直接按回车键，强制将插入点移至下一行。文本录入完成后的效果如图 1-7 所示。

关于组织在校学生参加中职文明风采大赛"演讲项目"比赛的通知

各位同学：

为了进一步推进学校参加文明风采大赛的工作，丰富学生的校园生活，现按照上级有关文件规定，对"演讲项目"比赛的安排如下：

一、日期：10 月 9–10 月 21 日

二、地点：学校学术报告厅

三、人员：预计 350 人

四、活动的时间内容安排

1、10 月 9 日晚自习班主任召开主题班会，对中职文明风采大赛"演讲项目"比赛进行文件学习、规程分析、组织动员；

2、10 月 14 日晚自习班主任组织各班级初赛，推荐 1 名同学参加专业部的选拔赛；

3、10 月 19 日星期五周末放假前，各专业部推荐 2 名学生参加学校的决赛；

4、10 月 21 日下午 2:40 在学术报告厅举行学校的决赛。

五、学校决赛注意事项

1、选手提前 10 分钟签到，候场；

2、决赛选手确定后，不得更换选手，如缺席无成绩；

3、抽签时间：2019 年 10 月 21 日（星期一）上午课间操，抽签地点：团委办公室 106。未抽签者按默认顺序，原则上不得修改。

4、评分采用百分制，选手上场后不报班级、不报姓名，直接开始，违反规则扣 10 分。

5、选手上场，开口说话起计时，限时 5 分钟，超时扣 3 分，超时 30 秒强制中断，并扣 6 分。倒计时 30 秒会有提示牌。

6、不脱稿演讲扣 10 分。

六、联系人：张明　　　联系电话：185****5727

学校演讲社

2019 年 10 月 8 日

图 1-7　文本录入效果

4. 选中标题文字，选择"开始"选项卡，在"字体"中单击下拉列表框右侧的下拉箭头，在展开的列表中选择"黑体"，如图 1-8 所示；单击"字号"下拉列表框右侧的下拉箭头，在展开的列表中选择"小二"，如图 1-9 所示；单击"加粗"按钮 **B**，使标题文字加粗显示，如图 1-10 所示；单击"字体颜色"按钮 **A** 右侧的下拉箭头，在展开的颜色列表中选择"红色"，如图 1-11 所示。

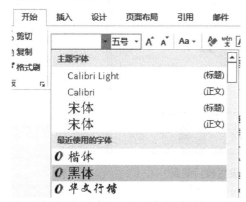

图 1-8　设置字体

图 1-9　设置字号

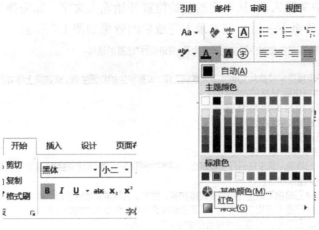

图 1-10　加粗字体　　　　　图 1-11　设置字体颜色

保存标题文字处于选中状态,单击"开始"选项卡,在"段落"组中单击"段落"按钮 ,打开"段落"对话框,在"段后"编辑框中输入"12 磅",单击"确定"按钮,如图 1-12 所示。

图 1-12　设置段后间距

保持标题文字处于选中状态,在"开始"选项卡"段落"组中单击"居中"按钮 。这几个对齐按钮的作用分别是将段落沿页面左端、居中、右端、两端和分散对齐,默认为两端对齐。调整标题两排文字的字数,如图1-13所示。

关于组织在校学生参加中职文明风采大赛

"演讲项目"比赛的通知

图1-13　调整标题

5.选中文档正文文字,在"开始"选项卡"字体"组的"字体"下拉列表选中"宋体";在"字号"下拉列表中选择"四号"。

保持正文文字处于选中状态,单击"开始"选项卡,在"段落"组中单击右下角的按钮，打开"段落"对话框,在"行距"下拉列表中选择"固定值",在"设置值"编辑框中输入"30磅",在"特殊格式"下拉列表中选择"首行缩进","磅值"设置为"2字符",如图1-14所示。

图1-14　设置段落格式

6.选中称谓文字"各位同学",在"开始"选项卡中单击"加粗"按钮 **B** ,使文字加粗显示;选择"开始"选项卡,在"段落"组中单击"段落"按钮 ，打开"段落"对话框,在"段后"编辑框中输入"12磅"。

7.选中第一个小标题文字"一、日期:",在"开始"选

图1-15　添加下划线

项卡中单击"加粗"按钮 **B** ，使标题文字加粗显示；单击"下划线"按钮 **U** ▾ 右侧的下拉箭头，在弹出的下拉列表中选择"双下划线"，如图 1-15 所示。

　　保持小标题文字选中，再一次单击"下划线"按钮 **U** ▾ 右侧的下拉箭头，在弹出的下拉列表中选择"下划线颜色"，在弹出的调色板中选择"红色"，如图 1-16 所示。

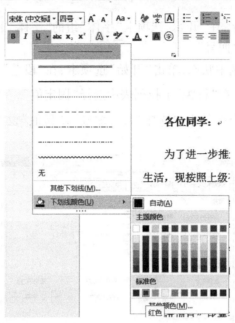

图 1-16　修改下划线颜色

图 1-17　打开边框和底纹对话框

　　因为其他子标题都具有相同的格式，所以利用 Word 的"格式刷"功能可以将已设置好的子标题格式复制给其他的子标题，具体操作如下：

　　选中已经设置完格式的标题文本，在"开始"选项卡的"剪贴板"组中单击"格式刷"按钮 　格式刷 ，此时"格式刷"按钮被选中，鼠标指针变为 **∡I** ，移动鼠标指针至其他子标题文字上，按住鼠标左键不放并拖动选中文字，释放鼠标按钮后，即可将设置好的格式复制于目标文字。完成所有复制后，单击一次"格式刷"按钮 　格式刷 ，完成格式复制。

　　8. 选中"10 月 9—21 日"，在"开始"选项卡"段落"组中单击"边框"按钮 ▦ ▾ 右侧的下拉箭头，在弹出的下拉列表中选择"边框和底纹"，打开"边框和底纹"对话框，如图 1-17 所示。

在对话框的"底纹"选项卡中设置"填充"为"黄色","应用于"设置为"文字",如图 1-18 所示。在"边框"选项卡中设置"单实线""0.5 磅"的"红色"边框,如图 1-19 所示。

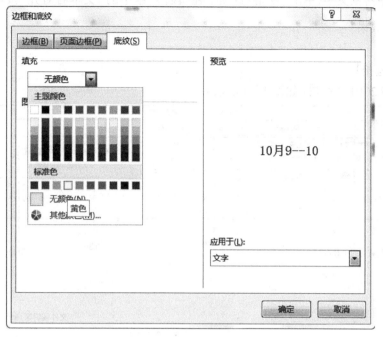

图 1-18　设置底纹颜色

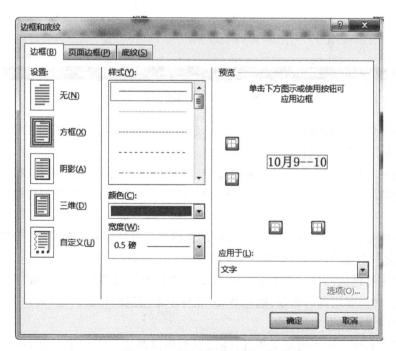

图 1-19　设置边框类型及颜色

9. 利用 Word 中的格式刷功能将步骤 8 的效果复制给文字"学校学术报告厅"。

10. 选中落款文字,单击"开始"选项卡在"段落"组中的"文本右对齐"按钮 ▤,实现段落右对齐效果。

【知识链接】

1. Word 2010 的窗口(如图 1-20 所示)。

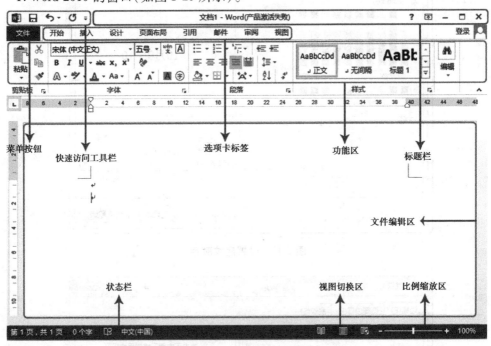

图 1-20　Word 界面介绍

菜单按钮位于 Word 软件窗口的左上角,包含"信息""最近使用文档""新建""打印""共享""打开""关闭"和"保存"等常用命令。

快速访问工具栏主要包括一些常用命令,例如"保存""撤销"和"恢复"按钮。在快速访问工具栏的最右端是一个下拉按钮,单击此按钮,在弹出的下拉列表中可以添加其他常用命令。

标题栏主要用于显示正在编辑的文档的文件名以及所使用的软件名,另外还包括标准的"最小化""还原""关闭"按钮。

功能区主要包括"开始""插入""页面布局""引用""邮件""审阅"和"视图"等选项卡,以及工作时需要用到的命令,也是 Word 软件中常用到的界面。

2. 利用键盘选定文本。

除了可以利用鼠标来选定文本外,还可以利用键盘来选定文本。表 1-1 列出了一些常用的键盘选定操作。

表 1-1 用键盘选定文字

组合键	选定范围
Shift+➡	选定插入点右边的一个字符
Shift+⬅	选定插入点左边的一个字符
Shift+⬆	选定到上一行
Shift+⬇	选定到下一行
Shift+Home	选定到行首
Shift+End	选定到行尾
Ctrl+Shift+Home	选定到文档的开头
Ctrl+Shift+End	选定到文档的结尾
Ctrl+A	选定整篇文档

【课后习题】

打开文档"课后练习. doc",按下列要求设置、编排文档格式。

1. 设置字体格式。

（1）将文档标题行的字体设置为"华文行楷"，字号为"一号"，并为其添加"填充-蓝色，着色1，轮廓-背景1，清晰阴影-着色1"的文本效果。

（2）将文档副标题的字体设置为"华文新魏"，字号为"四号"，颜色为标准色中的"深红"色。

（3）将正文诗词部分的字体设置为"方正姚体"，字号为"小四"，字形为"倾斜"。

（4）将文本"注释译文"的字体设置为"微软雅黑"，字号为"小四"，并为其添加"双波浪线"下划线。

2. 设置段落格式。

（1）将文档的标题和副标题设置为"居中对齐"。

（2）将正文诗词部分左缩进10个字符，段落间距为段前段后各0.5行，行距为固定值18磅。

（3）将正文最后两段的首行缩进2个字符，并设置行距为1.5倍行距。

效果如图1-21所示。

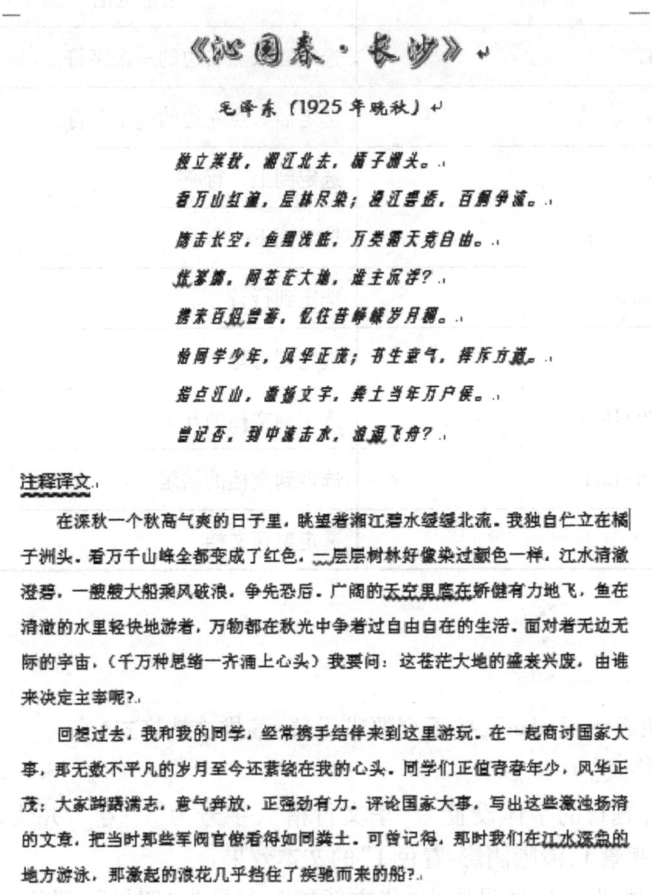

《沁园春·长沙》

毛泽东 (1925年晚秋)

独立寒秋，湘江北去，橘子洲头。

看万山红遍，层林尽染；漫江碧透，百舸争流。

鹰击长空，鱼翔浅底，万类霜天竞自由。

怅寥廓，问苍茫大地，谁主沉浮？

携来百侣曾游，忆往昔峥嵘岁月稠。

恰同学少年，风华正茂；书生意气，挥斥方遒。

指点江山，激扬文字，粪土当年万户侯。

曾记否，到中流击水，浪遏飞舟？

注释译文

在深秋一个秋高气爽的日子里，眺望着湘江碧水缓缓北流。我独自伫立在橘子洲头。看万千山峰全都变成了红色，一层层树林好像染过颜色一样。江水清澈澄碧，一艘艘大船乘风破浪，争先恐后。广阔的天空里鹰在矫健有力地飞，鱼在清澈的水里轻快地游者，万物都在秋光中争着过自由自在的生活。面对着无边无际的宇宙，（千万种思绪一齐涌上心头）我要问：这苍茫大地的盛衰兴废，由谁来决定主宰呢？

回想过去，我和我的同学，经常携手结伴来到这里游玩。在一起商讨国家大事，那无数不平凡的岁月至今还萦绕在我的心头。同学们正值青春年少，风华正茂；大家踌躇满志，意气奔放，正强劲有力。评论国家大事，写出这些激浊扬清的文章，把当时那些军阀官僚看得如同粪土。可曾记得，那时我们在江水深急的地方游泳，那激起的浪花几乎挡住了疾驰而来的船？

图 1-21　练习题效果图

实例2　制作"演讲比赛"评委邀请函

【学习目标】

- 了解图片及自选图形的添加及设置方法
- 能对 Word 文档的边框和背景颜色进行设置
- 了解插入艺术字及修改艺术字样式的方法

【任务描述】

张明按照老师的要求完成了"演讲比赛通知"的制作。为了能在 10 月 21 日有效地推进演讲比赛，从中选出优秀的演讲选手。学校准备另外邀请退休教师罗南老师担任演讲比赛的评委，罗南老师在退休之前就是学校演讲社的辅导教师，在演讲方面有十分丰富的经验。张明需要制作一封邀请函发给罗南老师。

本任务制作的年会邀请函效果如图 2-1 所示。

图 2-1　邀请函效果图

【操作步骤】

1. 启动 Word 2010，新建一个空白文档，将其重命名为"评委邀请函"并保存到桌面，如图 2-2 所示。

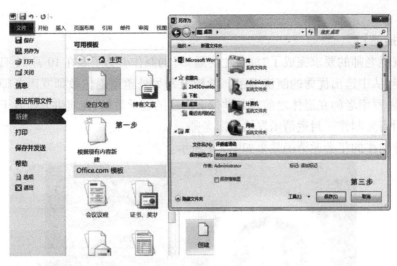

图 2-2　新建文档

2. 单击"页面布局"选项卡"页面设置"组中的"纸张大小"下拉按钮,在打开的下拉列表中选择"其他页面大小"项,打开"页面设置"对话框,如图 2-3 所示。在"页面设置"对话框中将纸张的"高度"调整为"12.8 厘米",宽度调整为"19 厘米",单击"确定"按钮,如图 2-4 所示,完成纸张大小的设置。

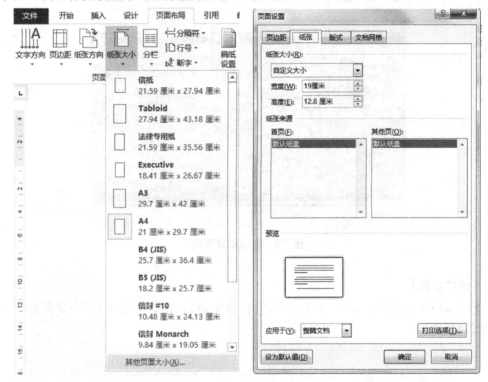

图 2-3　选择"纸张大小"设置按钮　　　　图 2-4　自定义设置纸张大小

3. 在"页面设置"组中选择"页边距"按钮,在展开的下拉列表中选择"窄",如图 2-5 所示,完成页边距的设置。

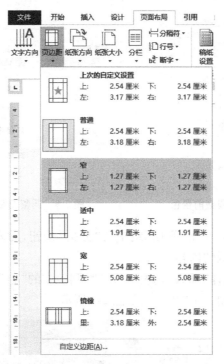

图 2-5　设置文档的页边距

4. 在"设计"选项卡中单击"页面颜色"按钮,在展开的列表中选择"填充效果"项,弹出"填充效果"对话框,如图 2-6 所示。

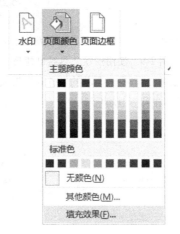

图 2-6　选择页面颜色

在弹出的对话框里选择"图案"选项卡,设置图案为"50%",前景色为"深蓝,文字 2,淡色 40%",背景色为"黑色,文字 1,淡色 50%",单击"确定"按钮,如图 2-7、图 2-8 所示,调整文档背景填充的图案及颜色。

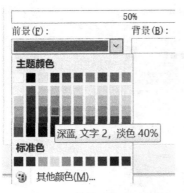

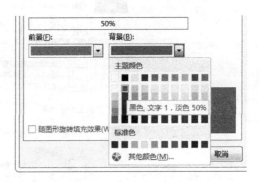

图 2-7　选择图案及调整前景色　　　　图 2-8　调整图案填充的背景色

5. 选择"插入"选项卡，单击"页面"组中的"分页"按钮，插入一个与当前页面属性相同的页面，用于书写邀请函的内容。

6. 在第一个页面中选择"插入"选项卡"形状"列表中的"矩形"工具，按住鼠标左键不放并拖动，在左侧页面绘制一个"矩形"，如图 2-9 所示。

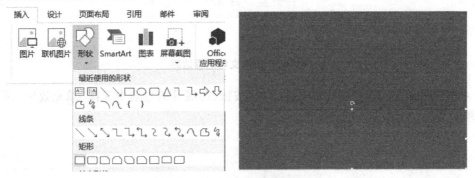

图 2-9　使用形状工具绘制矩形

7. 保持矩形处于选中状态，在"绘图工具"的"格式"选项卡"大小"组中设置形状高度为"5 厘米"，宽度为"21 厘米"，如图 2-10 所示。

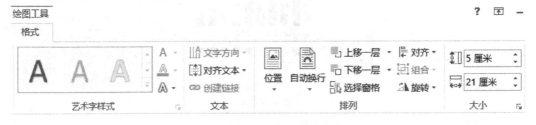

图 2-10　设置矩形形状的大小

在"形状样式"组中单击"形状填充"按钮右侧的下拉箭头，在展开的列表中选择"白色，背景 1，深色 15%"，完成形状的填充，如图 2-11 所示。

单击"形状轮廓"按钮右侧的下拉箭头，在展开的列表中选择"蓝色，强调文字颜色 1，深色 50%"，如图 2-12 所示；再次打开"形状轮廓"列表，在其中选择"粗细"→"其他线条"，在弹出的"设置形状格式"对话框"线型"设置区中，将"宽度"设置为"16.5 磅"，"复合类型"设置为"由粗到细"，如图 2-13 所示。

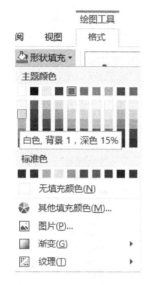

图 2-11　设置矩形形状的填充颜色

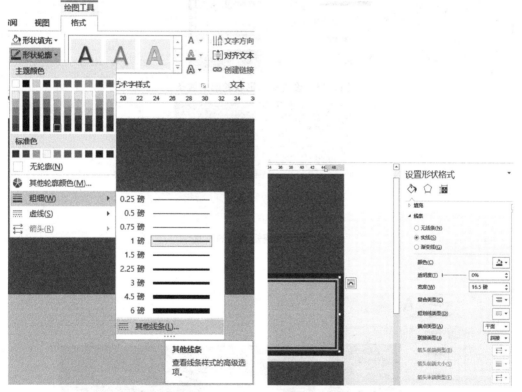

图 2-12　设置矩形形状轮廓的颜色

8.调整矩形框的位置,将矩形放置在页面的下方,只露出上边框,如图 2-14 所示。

参照插入"矩形"的方法,插入"同心圆",大小设置为"8 厘米×8 厘米",形状填充为"白色",形状轮廓为"无轮廓",单击"形状样式"组中的"形状效果"按钮,在展开的列表中选择"柔化边缘"→"10 磅",并将"同心圆"移动到页面合适的位置,效果如图 2-15所示。

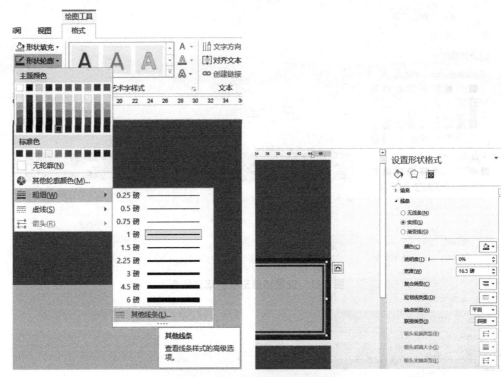

图 2-13　设置矩形形状轮廓的线条

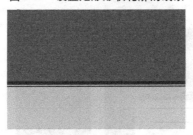

图 2-14　调整矩形框的位置

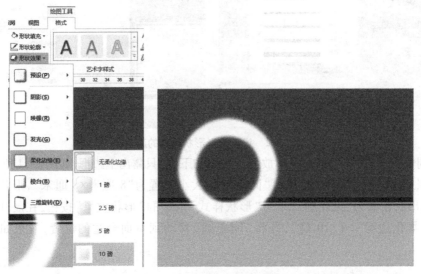

图 2-15　绘制并调整同心圆

9. 通过"插入"→"图片"命令插入"花纹素材"的图片,并调整图片的位置,如图 2-16 所示。

图 2-16　添加花纹装饰

10. 在图片上单击右键,在弹出的快捷菜单上选择"大小和位置",在弹出的对话框中取消勾选"锁定纵横比"复选框,如图 2-17 所示,单击确定。选中"花纹"图片的边框调整点,调整图片的大小,使其布满矩形框内。

图 2-17　设置图片的大小

11. 保持"花纹"图片处于选中状态,单击右键,在弹出的菜单中选择"置于底层"→"下移一层",调整图片的层级,使其置于同心圆和矩形框中间位置,如图 2-18 所示。

12. 单击"插入"选项卡"文本"组中的"艺术字"按钮,在展开的列表中选择"填充-红色,强调文字颜色 2,双轮廓-强调文字颜色 2",如图 2-19 所示。

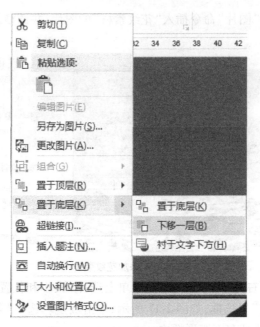

图 2-18　调整图片的层叠位置

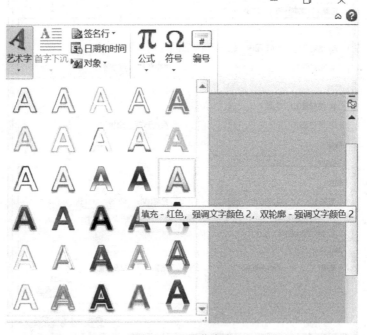

图 2-19　设置艺术字

在出现的文本框中输入"邀"字,并在"开始"选项卡"字体"组中设置文字格式为"华文行楷、140 点、加粗",并调整文字的位置,如图 2-20 所示。

图 2-20   调整艺术字的格式

参照"邀"字的制作方法,写入"请函"二字,字体格式为"华文行楷、初号、加粗",并调整文字的位置,如图 2-21 所示。

图 2-21   插入艺术字并调整格式

13. 将第一页中绘制的矩形复制 2 个,分别摆放在第二页的上方和下方,效果如图 2-22 所示。

图 2-22　复制矩形并调整形状

14. 将第一页中的"邀"字复制到第二页的中间位置,单击"图片工具"的"格式"选项卡"形状样式"组中的"文本填充"按钮右侧的下拉箭头,在展开的列表中选择"无填充颜色",效果如图 2-23 所示。

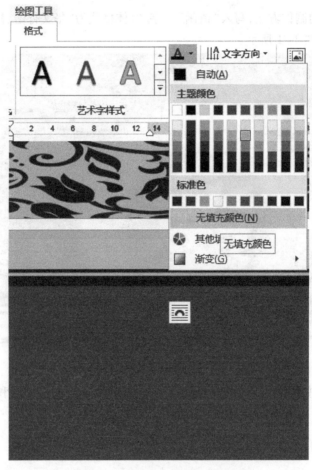

图 2-23　复制并修改艺术字样式

15. 单击"插入"选项卡"文本"组中的"文本框"按钮,在展开的列表中选择"绘制文本框"项,如图 2-24 所示。

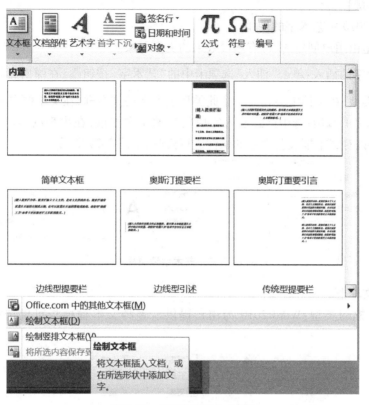

图 2-24 选择"绘制文本框"

16. 在页面的中间绘制出大小合适的文本框,并在文本框内输入邀请函的文字内容,将文本框样式设置为"透明",文字的格式为"华文行楷、小三、白色、加粗",文字的段落设置行距为"固定值"→"25 磅",最终效果如图 2-25 所示。

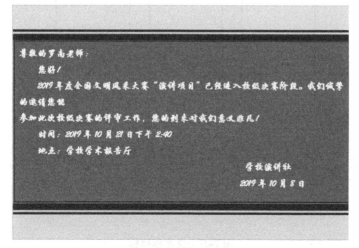

图 2-25 在文本框中输入文字

【知识链接】

1. Word 2010 中艺术字的使用。

艺术字是由用户创建的、带有预设效果的文字对象。

（1）艺术字的插入：单击"插入"选项卡中的"艺术字"按钮 ，在弹出的菜单中选择需要的艺术字类型，在文档中会建立一个此类型艺术字的文本框，在文本框中输入文字。

（2）艺术字的编辑：选中已经输入完成的艺术字文本框，在出现的"绘图工具-格式"选项卡中，可以对文本框及艺术字的属性进行修改，如图 2-26 所示。

图 2-26　艺术字编辑栏

2. 认识文本框。

（1）文本框的类型：Word 2010 为用户提供了多种文本框模板可供选择，如图 2-27 所示。

图 2-27　文本框模板

（2）文本框的格式设置：插入文本框后，可以通过鼠标控制文本框的控制柄和控制点来控制文本框的选择和大小。选中文本框后，可通过"绘图工具-格式"选项卡来进一步对文本框的属性进行修改。

【课后习题】

打开文档"课后练习.doc"，按下列要求设置、编排文档格式。

1. 页面设置。

（1）设置纸张大小为信纸，将页边距设置为上、下各3.7厘米。

（2）在文档的页眉处添加页眉文字"重庆印象"，页脚处添加页码"第一页"，页眉和页脚都设置居中。

2. 艺术字的设置。

（1）将标题"磁器口简介"设置艺术字样式为"渐变金色，强调文字颜色4，映像"。

（2）字体为"华文琥珀"，字号为"44磅"，文字环绕方式为"上下型环绕"。

（3）为艺术字添加"文本效果"→"映像"中的"紧密映像，接触"和"转换"中的"朝鲜鼓"弯曲的文字效果。

3. 文档的版面格式设置。

（1）分栏设置：将正文第2、3、4段设置为"两栏格式"，栏间距为"3字符"，显示分隔线。

（2）边框和底纹：为正文的第5段添加"1.5磅"、标准色中的"绿色"、双实线边框，并为其填充标准色中的"橙色"，填充色的不透明度样式设置为"5%"。

4. 文档的插入设置。

（1）插入文件：在第一段文字中插入图片"磁器口.jpg"，设置图片的环绕方式为"四周型环绕"，并为其添加"圆形对角，白色"的外观样式。

（2）插入脚注：利用"引用"选项卡中的"插入尾注"功能，为正文第1段的"古镇"两个字插入尾注。

最终效果如图2-28所示。

图2-28　课后作业最终效果

实例3 设计"演讲比赛"活动宣传海报

【学习目标】

- 学习分栏的设置方法
- 学习插入艺术字及修改艺术字样式的方法
- 学习图片及自选图形的添加及设置方法
- 学习页面边框和背景的设置方法

【任务描述】

学校演讲社团的社长张明接到全国中等职业技术学校"文明风采大赛"——演讲比赛项目的宣传任务,老师安排张明制作宣传海报,提醒全校师生按照通知要求积极参加演讲比赛。

本任务制作的宣传海报效果如图3-1所示。

图3-1 "演讲比赛"宣传海报效果图

【操作步骤】

1.打开"演讲比赛宣传海报文字素材"的 Word 文档,另存为"演讲比赛宣传海报"文档,保存在桌面。如图3-2、图3-3所示。

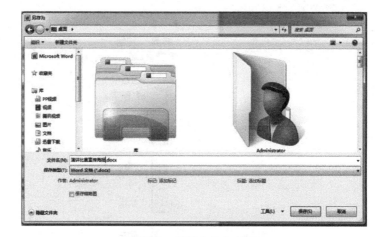

图 3-3　存储文件在桌面

图 3-2　另存文件

2. 切换到"页面布局"选项卡,在"页面设置"组中单击"纸张方向"按钮,在展开的列表中选择"横向"选项,如图 3-4 所示,完成对纸张方向的设置。

单击"页边距"按钮,在展开的列表中选择"适中"项,如图 3-5 所示。

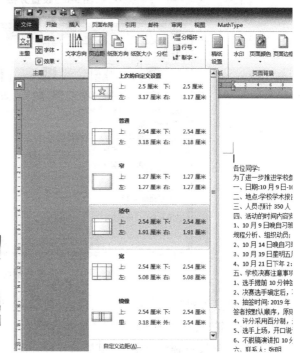

图 3-4　设置纸张方向　　　　　　　　　　图 3-5　设置页边距

3. 将页面中的文字全部选中,在"页面布局"选项卡"页面设置"组中单击"分栏"下拉箭头,在展开列表中选择"更多分栏",如图 3-6 所示。在弹出的"分栏"对话框中选择"两栏",勾选"分割线"选项,如图 3-7 所示。

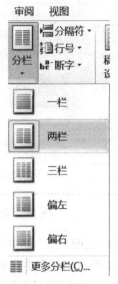

图 3-6　设置分栏

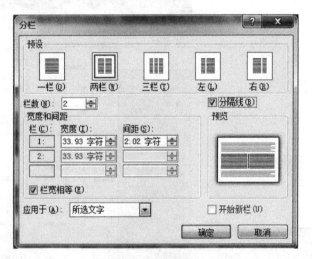

图 3-7　设置分割线

4. 文本格式设置为"宋体,五号",段前、段后间距均为"1 行",行距为"单倍行距",首行缩进 2 个字符,如图 3-8 所示。

5. 在"五、学校决赛注意事项"前插入光标强制换行,调整文字版面如图 3-9 所示。

　　在文档左上方单击鼠标,选择"插入"下的"艺术字",如图 3-10 所示。随后页面出现艺术字,默认内容为"请在此放置您的文字",如图 3-11 所示。

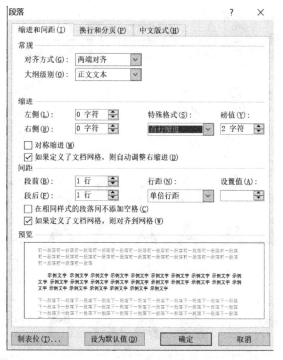

图 3-8 设置段落

各位同学:

为了进一步推进学校参加文明风采大赛的工作,丰富学生的校园生活,现按照上级有关文件规定,对演讲项目比赛的安排如下:

一、日期:10月9日-10月21日

二、地点:学校学术报告厅

三、人员:预计 350 人

四、活动的时间内容安排

1、10 月 9 日晚自习班主任召开主题班会,对中职文明风采大赛演讲项目比赛进行文件学习、

规程分析、组织动员:

2、10 月 14 日晚自习班主任组织各班级初赛,推荐 1 名同学参加专业部的选拔赛:

3、10 月 19 日星期五周末放假前,各专业部推荐 2 名学生参加学校的决赛:

4、10 月 21 日下午 2:40 在学术报告厅举行学校的决赛:

五、学校决赛注意事项

1、选手提前 10 分钟签到,候场。

2、决赛选手确定后,不得更换选手,如缺席无成绩。

3、抽签时间:2019 年 10 月 21 日(星期一)上午课间操,抽签地点:团委办公室 106。未抽

签者按默认顺序,原则上不得修改。

4、评分采用百分制,选手上场后不报班级、不报姓名,直接开始,违反规则扣 10 分。

5、选手上场,开口说话起计时,限时 5 分钟,超时扣 3 分,超时 30 秒强制中断,并扣 6 分。倒计时 30 秒会有提示牌。

6、不脱稿演讲扣 10 分。

六、联系人:张明   联系电话:185****5727

学校演讲社

2019 年 10 月 8 日

图 3-9 调整文字版面

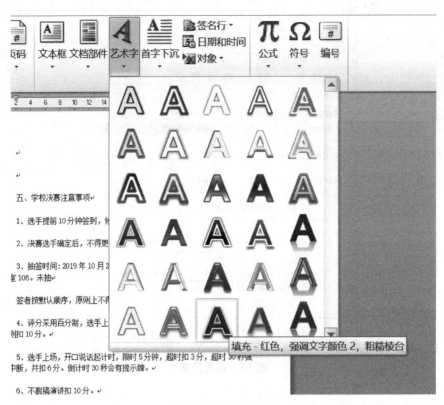

图 3-10　选择艺术字

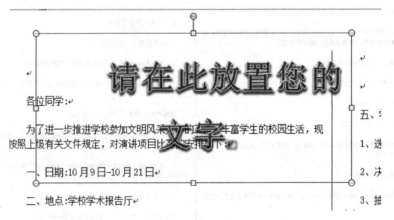

图 3-11　插入艺术字

　　使用键盘上的删除键将原有文字删除,输入"全国中等职业技术学校'文明风采大赛'——演讲比赛"。在"字体"下拉列表中选择"隶书",在"字号"下拉列表中选择"小二",文字效果如图 3-12 所示。

　　6. 在艺术字右后方添加装饰图形,在"插入"中选择"形状",在"形状"下拉列表中选择四角星。如图 3-13、图 3-14 所示。

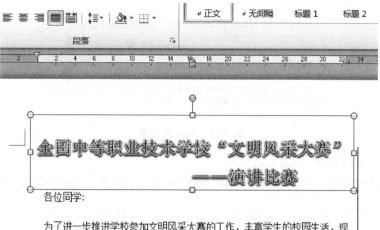

各位同学：

为了进一步推进学校参加文明风采大赛的工作，丰富学生的校园生活，现

图 3-12　设置字体和字号

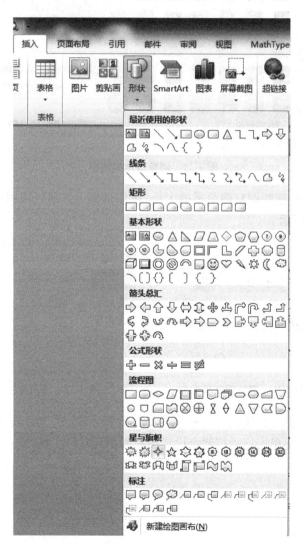

图 3-13　插入形状

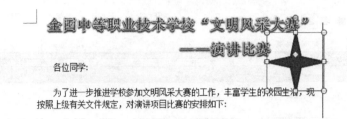

图 3-14　插入四角星

调整四角星的颜色,如图 3-15 所示。

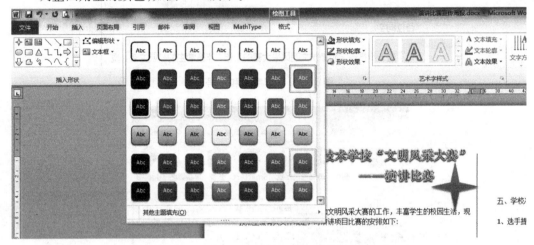

图 3-15　调整四角星颜色

拖动选框右上角圆圈调整四角星的大小,按住选框上方绿色圆圈移动鼠标调整四角星方向,如图 3-16 所示。

图 3-16　调整四角星方向　　　　图 3-17　插入图片

7. 打开本书配套素材"模块一"→"实例 3"→"所需图片"文件夹中的图片"1",插入文档右上角位置,鼠标单击拖动控制点设置图片大小及方向。如图 3-17、图 3-18 所示。

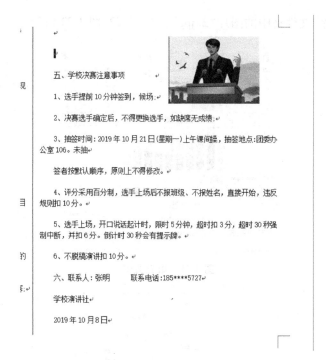

五、学校决赛注意事项

1、选手提前 10 分钟签到，候场。

2、决赛选手确定后，不得更换选手，如缺席无成绩。

3、抽签时间：2019 年 10 月 21 日（星期一）上午课间操，抽签地点：团委办公室 106。未抽签者按默认顺序，原则上不得修改。

4、评分采用百分制，选手上场后不报班级、不报姓名，直接开始，违反规则扣 10 分。

5、选手上场，开口说话起计时，限时 5 分钟，超时扣 3 分，超时 30 秒强制中断，并扣 6 分。倒计时 30 秒会有提示牌。

6、不脱稿演讲扣 10 分。

六、联系人：张明　　联系电话:185****5727

学校演讲社

2019 年 10 月 8 日

图 3-18　调整图片

用鼠标右键单击图片，选择"大小和位置"，"文字环绕"选择"紧密型"，如图 3-19、图 3-20 所示。

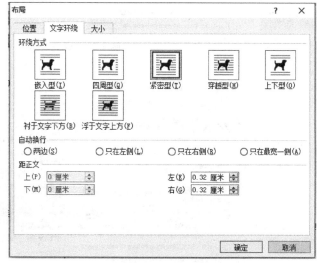

图 3-19　调整图片大小和位置　　　　　**图 3-20　文字环绕设置**

8.单击"页面布局"，选择"页面颜色"下的"填充效果"，如图 3-21 所示，在"填充效果"对话框的"图片"选项卡下单击"选择图片"，打开本书配套素材"模块一"→"实例3"→"所需图片"文件夹中的图片"2.jpg",如图3-22、图3-23所示。

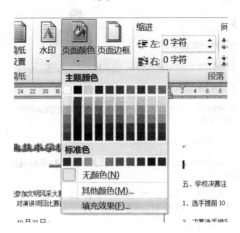

图3-21 填充背景

图3-22 填充背景

图3-23 调整背景

单击"页面布局",选择"页面边框",如图 3-24 所示。在"边框底纹"对话框的"页面边框"选项卡中按如图 3-25 所示设置,最后单击"确定",效果如图 3-26 所示。敲击空格,调整"一、二、三、四"条文字,如图 3-27 所示。

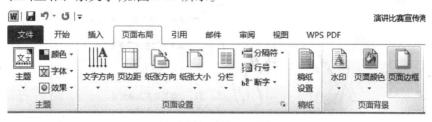

图 3-24　打开页面边框对话框

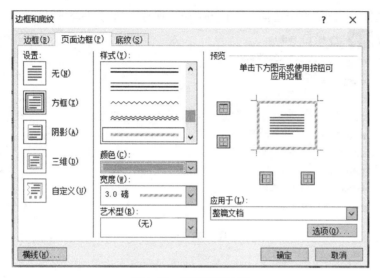

图 3-25　设置页面边框

图 3-26　页面边框效果

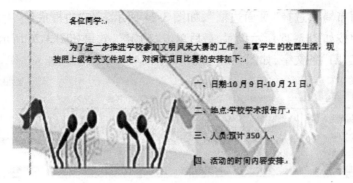

图 3-27　调整文字位置

9. 在"文件"下拉菜单中选择"文件"选项的"保存",如图 3-28 所示。

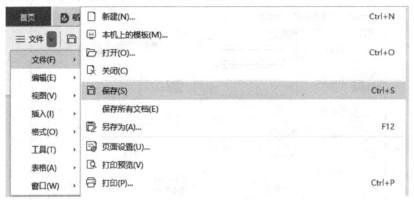

图 3-28　保存

【知识链接】

设置段间距与行间距。

● **段间距**:段间距决定了段落前后空白距离的大小。在"间距"区域的"段前""段后"微调框中输入值,就可以设置段落间距。

● **行间距**:行间距决定了段落中各行文本之间的垂直距离。在"行距"下拉列表中选择符合要求的间距值,如单倍行距、1.5 倍行距、2 倍行距等。如果下拉列表中没有需要的行距值,也可以在"设置值"微调框中直接输入行距值。

● **单倍行距**:此选项将行距设置为该行最大字体的高度加上一小段额外间距。额外间距的大小取决于所用的字体。字体是一种应用于所有数字、符号和字母字符的图形设计,也称为"样式"或"字样"。"Aril"和"Courier New"是字体的示例。字体通常具有不同的大小(如 10 磅)和各种样式(如粗体)。

● **1.5 倍行距**:此选项为单倍行距的 1.5 倍。

● **双倍行距**:此选项为单倍行距的两倍。

● **最小值**:此选项设置适应行上最大字体或图形所需的最小行距。

● **固定值**:此选项设置固定行距(以磅为单位)。例如,文本采用 10 磅的字体,则可以将行距指定为 12 磅。

● **多倍行距**:此选项设置可以用大于 1 的数字表示的行距。例如,将行距设置为 1.15

会使间距增加 15% ,将行距设置为 3 会使间距增加 300% (三倍行距)。

【课后习题】

任务描述:制作演讲社招新海报,按下列要求设置、编排文档格式。

1. 新建文档,并以"招新海报"为名保存在指定的文件夹中。

2. 将页边距设置为"0",插入"图片 1",调整位置及大小,设置图片衬于文字下方。

3. 插入"图片 2",调整其位置、大小、方向,设置图片浮于文字上方。

4. 插入艺术字"演讲社",字体为"华文琥珀",字号 70。

5. 插入艺术字"招新",字体为"华文琥珀",字号 90。

6. 插入艺术字"2020",字体为"华文琥珀",字号 60。

7. 插入艺术字"加入我们",字体为"华文琥珀",字号 50。调整文字方向。

8. 设置五角星页面边框。

9. 绘制文本框,将文本框填充设置为"红色,强调文字颜色 2,深色 25% ",在渐变项里选择"其他渐变",将"填充"中的不透明度设置为 70% 。

10. 将"加入我们"置于顶层。

11. 输入以下文字(字体"宋体",字号"二号",文字颜色"白色",居中):

招新时间:2020.09.05

招新地点:学术报告厅

联系人:张明

招新联系方式:139×××××××××

本任务制作的效果如图 3-29 所示。

图 3-29 本任务制作的效果图

实例 4 制作"演讲比赛"成绩汇总表格

【学习目标】

- 学习创建和编辑表格的方法,如合并单元格、调整行高列宽
- 学习为表格中的文字设置字符格式和对齐方式的方法
- 学习美化表格的方法,如添加边框和底纹等
- 学习对表格中的数据进行简单计算的方法,如求和、求平均值等

【任务描述】

学校演讲社团的社长张明接到统计全国中等职业技术学校"文明风采大赛"——演讲比赛项目参赛选手成绩的任务,老师安排张明制作演讲比赛成绩汇总表格。

本任务制作的成绩汇总表格效果如图 4-1 所示。

演讲比赛成绩汇总表

制表时间: 2019 年 12 月 20 日

姓名	性别	班级	成绩
张玲玲	女	高一（1）班	88.2
陈晓川	男	高一（3）班	85.7
王旭	男	高一（2）班	86.4
刘云	女		89.3
杨莉	女	高一（4）班	90.1

备注: 成绩取小数点后一位.

图 4-1 演讲比赛成绩汇总表格效果图

【操作步骤】

1. 新建文档,启动 Word 2010,新建一个空白文档,将其重命名为"演讲比赛成绩汇总表"并保存在桌面。如图 4-2、图 4-3 所示。

2. 切换到"页面布局"选项卡,在"页面设置"组中单击"纸张大小"按钮,在展开的列表中选择"其他页面大小"选项,弹出"页面设置"对话框,将纸张宽度调整为"21 厘米",高度"8 厘米",如图 4-4 所示,单击"确定"完成对纸张大小的设置。

图 4-2 新建文件

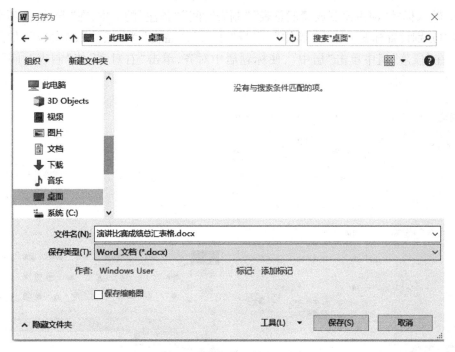

图 4-3 重命名并存储文件

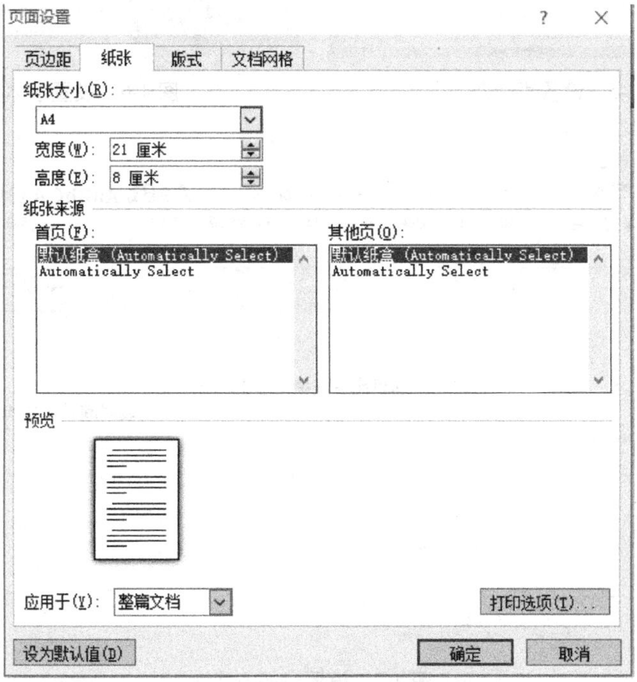

图 4-4 设置纸张大小

单击"页边距"按钮,在展开的列表中选择"窄"项,如图 4-5 所示。

3. 输入标题"演讲比赛成绩汇总表""制表时间""备注"的文本,在"开始"选项卡"字体"组中分别设置标题字体为"黑体"、字号"小四","备注"为"黑体","六号",如图 4-6 所示。在"段落"组中单击"居中",使标题居中对齐,单击"右对齐"使"制表时间"右对齐,如图 4-7 所示。

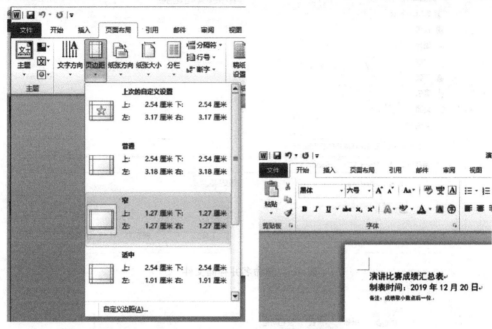

图 4-5 设置页边距   图 4-6 设置字体字号

图 4-7 设置对齐方式

4. 在文本"备注"前单击鼠标,定位鼠标指针,单击"插入"选项卡"表格"组中的表格按钮,在显示的网格中移动鼠标,待显示"4×6 表格"时单击鼠标左键,创建表格,如图4-8所示。

5. 单击各个单元格,将素材"成绩统计"中相应的文字内容输入表格中,并设置字体为"宋体",字号为"五号",如图4-9所示。

将同为"高一(2)班"的王旭和刘云的"班级"这一单元格合并,同时选中这两格,单击鼠标右键,选择"合并"组中的"合并单元格",如图4-10所示。选中表格内所有文字内容,单击鼠标右键,选择"单元格对齐方式"里的"居中",如图4-11、图4-12所示。

图 4-8　插入表格

演讲比赛成绩汇总表

制表时间：2019 年 12 月 20 日

姓名	性别	班级	成绩
张玲玲	女	高一（1）班	88.2
陈晓川	男	高一（3）班	85.7
王旭	男	高一（2）班	86.4
刘云	女		89.3
杨莉	女	高一（4）班	90.1

备注：成绩取小数点后一位。

图 4-9　输入文字

图 4-10　合并单元格　　　　图 4-11　设置单元格对齐方式

演讲比赛成绩汇总表

制表时间：2019 年 12 月 20 日

姓名	性别	班级	成绩
张玲玲	女	高一（1）班	88.2
陈晓川	男	高一（3）班	85.7
王旭	男	高一（2）班	86.4
刘云	女		89.3
杨莉	女	高一（4）班	90.1

备注：成绩取小数点后一位。

图 4-12　合并及居中对齐

6. 选中所有表格，单击鼠标右键，分别选择"表格属性"里的"行"和"列"，勾选"指定高度"和"指定宽度"，调整指定高度为 0.5 厘米，指定宽度为 4 厘米。如图 4-13、图 4-14 所示。

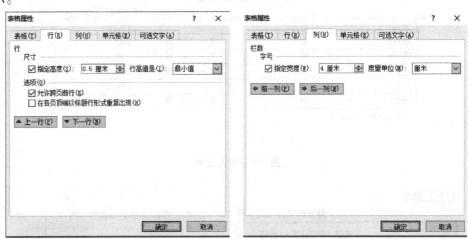

图 4-13　指定高度　　　　　　　　　　**图 4-14　指定宽度**

单击表格左上角的移动小标，拖动表格至页面中间，如图 4-15 所示。

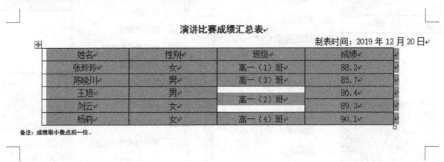

演讲比赛成绩汇总表

制表时间：2019 年 12 月 20 日

姓名	性别	班级	成绩
张玲玲	女	高一（1）班	88.2
陈晓川	男	高一（3）班	85.7
王旭	男	高一（2）班	86.4
刘云	女		89.3
杨莉	女	高一（4）班	90.1

备注：成绩取小数点后一位。

图 4-15　调整表格位置

单击表格左上角的小标选中整个表格，再单击鼠标右键，选择"边框和底纹"，如图 4-16、图 4-17、图 4-18 所示。

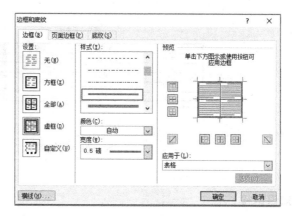

图 4-16　表格左上角小标　　　　　　　　图 4-17　设置边框

演讲比赛成绩汇总表

制表时间：2019 年 12 月 20 日

姓名	性别	班级	成绩
张玲玲	女	高一（1）班	88.2
陈晓川	男	高一（3）班	85.7
王旭	男	高一（2）班	86.4
刘云	女		89.3
杨莉	女	高一（4）班	90.1

备注：成绩取小数点后一位。

图 4-18　边框效果

7.选中"成绩"列,单击鼠标右键,选择"边框和底纹"选项卡中的"底纹",将底纹填充为红色,如图 4-19、图 4-20 所示。完成后保存。

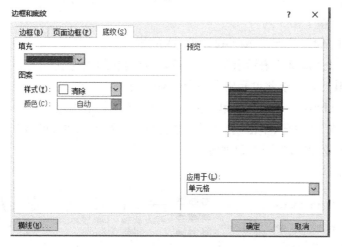

图 4-19　设置底纹

图 4-20　底纹效果

【知识链接】

表格计算的基本知识。

用户可以使用 Word 2010 自带的函数对表格中的数据进行计算。公式中计算的参数都是以单元格或区域为单位进行的,为了方便在单元格之间进行运算,Word 2010 中用英文字母"A,B,C"从左至右表示列,用正整数"1,2,3"自上而下表示行,每一个单元格的名称则由它所在的行和列的编号组合而成,如图 4-21 所示。

A1	B1	C1	D1	E1
A2	B2	C2	D2	E2
A3	B3	C3	D3	E3

图 4-21　单元格名称示意图

下面列举几个典型的利用单元格参数表示一个单元格、一个单元格区域或一整行、一整列的方法。

- **A1**:表示位于第一列、第一行的单元格。
- **A1:B3**:表示由 A1,A2,A3,B1,B2,B3 六个单元格组成的矩形区域。
- **A1,B3**:表示 A1,B3 两个单元格。
- **1:1**:表示整个第一行。
- **C:C**:表示整个第 3 列。
- **SUM(A1:A4)**:表示求 A1+A2+A3+A4 的值。
- **Average(1:1,2:2)**:表示求第一行与第二行的和的平均值。
- **SUM(left)**:表示求此单元格左侧全部数值的和。
- **Average(above)**:表示求此单元格上方全部数据的平均值。

计算"张玲玲"的总分,单击"张玲玲"对应的"总分"单元格,单击"表格工具"→"布局"→"数据"→"公式",如图 4-22 所示。

图 4-22　公式按钮示意图

系统弹出"公式"对话框,此时公式编辑框中显示的公式为用来计算插入符所在位置左侧的所有单元格的数据求和,直接单击"确定",得到计算结果,如图 4-23、图 4-24 所示。

图 4-23 公式对话框

演讲比赛成绩表

姓名	普通话	题材吸引力	语言流利生动	肢体语言	仪容仪表	总分	平均分
张玲玲	88.2	90.5	90.4	83.9	87.3	440.3	
陈晓川	85.7	88.3	92.5	85.5	86.9		
王旭	86.4	83.6	93.0	87.6	85.8		
刘云	89.3	90.4	91.7	84.1	82.5		
杨莉	90.1	87.2	90.8	83.8	84.4		

图 4-24 总分计算结果

计算"陈晓川"的总分,依照上一步骤,弹出的"公式"对话框中公式括号内的内容是对上方单元格的求和,不是我们需要的,将括号内的参数改为"LEFT",单击"确定",如图4-25、图 4-26、图 4-27 所示。

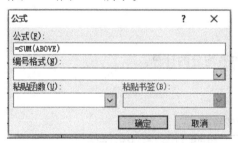

图 4-25 上方单元格的求和公式

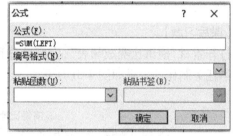

图 4-26 左边单元格的求和公式

演讲比赛成绩表

姓名	普通话	题材吸引力	语言流利生动	肢体语言	仪容仪表	总分	平均分
张玲玲	88.2	90.5	90.4	83.9	87.3	440.3	
陈晓川	85.7	88.3	92.5	85.5	86.9	438.9	
王旭	86.4	83.6	93.0	87.6	85.8		
刘云	89.3	90.4	91.7	84.1	82.5		
杨莉	90.1	87.2	90.8	83.8	84.4		

图 4-27 更改公式后的计算结果

计算每个人的平均分,以"张玲玲"为例,单击"张玲玲"所对应的"平均分"单元格,同样打开"公式"对话框,将公式编辑框中除"="以外的内容全部删除,然后在"粘贴函数"下拉列表中选择求平均值的函数"AVERAGE",再在括号内输入要进行计算的单元格区域地址,单击"确定",如图4-28、图 4-29、图 4-30 所示。

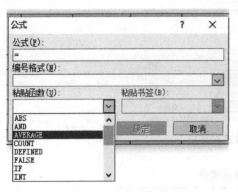

图 4-28　原本的求和公式

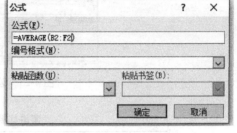

图 4-29　更改后的求和公式

演讲比赛成绩表

姓名	普通话	题材吸引力	语言流利生动	肢体语言	仪容仪表	总分	平均分
张玲玲	88.2	90.5	90.4	83.9	87.3	440.3	88.06
陈晓川	85.7	88.3	92.5	85.5	86.9	438.9	
王旭	86.4	83.6	93.0	87.6	85.8		
刘云	89.3	90.4	91.7	84.1	82.5		
杨莉	90.1	87.2	90.8	83.8	84.4		

图 4-30　计算结果

【课后习题】

打开素材"演讲比赛成绩表",完成总分和平均分的计算。

本任务制作的效果如图 4-31 所示。

演讲比赛成绩表

姓名	普通话	题材吸引力	语言流利生动	肢体语言	仪容仪表	总分	平均分
张玲玲	88.2	90.5	90.4	83.9	87.3	440.3	88.06
陈晓川	85.7	88.3	92.5	85.5	86.9	438.9	88.3
王旭	86.4	83.6	93.0	87.6	85.8	436.4	87.28
刘云	89.3	90.4	91.7	84.1	82.5	438	87.6
杨莉	90.1	87.2	90.8	83.8	84.4	436.3	87.26

图 4-31　本任务制作的效果图

模块二 *Mokuaier*

Excel 电子报表的制作

概　述

　　现代化办公人员应能熟练处理各种 Excel 电子报表。其中包括创建电子报表、编辑电子报表、打印电子报表、制作图表、对数据进行常用运算和统计等。

技能目标

- 掌握 Excel 工作表的基本操作
- 掌握 Excel 工作表中公式及常用函数的使用
- 掌握 Excel 工作表中创建图表并编辑、美化的方法
- 掌握 Excel 工作表中数据的管理

实例5　课程表制作——电子表格制作与编辑

【学习目标】

- 了解 Excel 工作簿、工作表、单元格的基本知识
- 掌握 Excel 文件的新建、保存的方法
- 掌握常规和快捷输入数据并编辑的方法
- 掌握插入和删除行、列的方法
- 掌握调整行高、列宽和合并单元格的方法
- 掌握设置单元格格式,为表格添加边框和底纹等美化工作表的方法

【任务描述】

新学期开始,班级里收到新课程表,同学们需要制作一张课程表以便查看。让我们来学习利用 Excel 制作课程表。

【操作步骤】

1. 启动 Excel2010,新建文件名为"课程表"的 Excel 文件并保存在桌面。

2. 选中 A1:G1 单元格区域,在"开始"选项卡的"对齐方式"组中单击"合并后居中"按钮,如图 5-1 所示。设置 A1 单元格行高为 28。单击"单元格"组"格式"选项中的"行高"项,在打开的对话框中设置其行高为 28,如图 5-2 所示。

图 5-1　选择对齐方式　　　　　　　图 5-2　设置行高

3.设置标题行的字符格式为"宋体、22磅、黑色、加粗"。选中 A1 单元格,在"字体"组中分别单击"字体""字号"按钮右侧的下拉箭头,在展开的列表中选择"宋体"和"22",再单击"加粗"按钮,如图5-3所示。

图5-3 字体加粗

4.将 A2、B2 合并单元格,输入"时间",在 C2 单元格输入文字"星期一",选中 C2 单元格并拖动单元格右下角的黑色十字形状填充柄,进行自动填充。字体设置为"宋体"、字号为"16、加粗"。

5.设置 A 列的列宽为4,将 A3:A6 和 A7:A8 进行合并单元格操作;选中合并的单元格,选择"对齐方式"组右下方的按钮,在展开的列表中选择"设置单元格对齐方式"项,在打开的对话框中设置文本方向为竖排,并选择"自动换行"复选框,如图5-4所示。

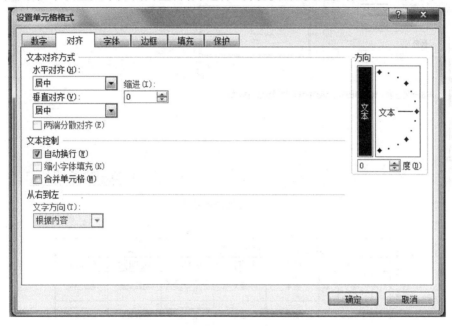

图5-4 设置单元格的对齐方式

图5-5 插入行

6.插入午休行。在"下午第一节"行的上方插入午休行,选中"下午第一节"行,单击"开始"选项卡中"单元格"组中的插入选项,选择插入行。如图5-5所示。

7.快速输入表中各门课程。首先在键盘上按住 Ctrl 键,然后连续选择 C8、C9、F3、F4 单元格,在 F4 单元格中输入相应的文字内容,最后按住 Ctrl+Enter 键进行选中的单元格文字输入。其余课程均可依此操作。

8.设置表中文本的对齐方式。选中 C3:G9 全部单元格,单击鼠标右键,在快捷菜单中选择

"设置单元格对齐格式"中的"文本对齐方式",对文本的水平位置和垂直位置进行设置。

9. 为表格设置边框。选中除标题行外的全部内容,然后单击鼠标右键,在弹出的快捷菜单中选择"设置单元格格式"项,在打开的对话框中切换到"边框"选项卡,选择线条样式为"双线",颜色为"黑色",预置为"外边框",再次选择线条样式为"细线",颜色为黑色,预置为"内部",如图5-6所示。最终效果图如图5-7所示。

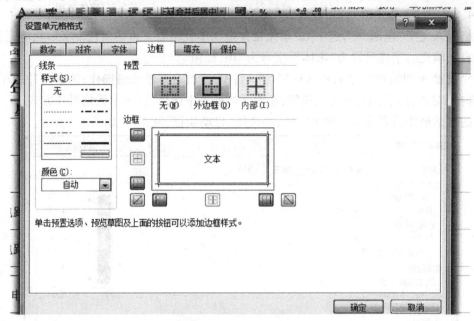

图 5-6　为表格设置边框

图 5-7　课程表最终效果

【知识链接】

1. Excel2010 的窗口由各种元素组成,如图5-8所示。

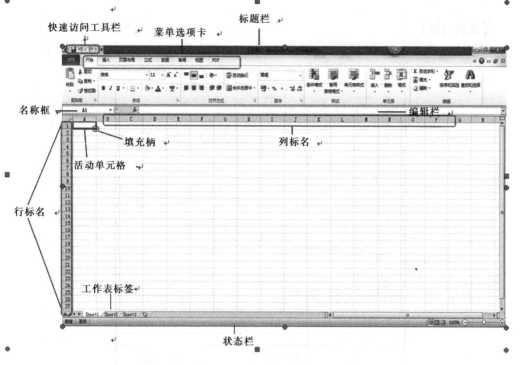

图 5-8　Excel 2010 的窗口

2. 单元格是行与列相交形成的单个矩形框,单元格名称由行标名和列标名组成。例如 A1,A2。

3. 在 Excel 中,活动单元格就是用粗黑线显示的区域,可通过单击鼠标或键盘方向键选择。活动单元格有两种状态,一是选定状态,单击鼠标或方向键选定,此状态下录入内容会覆盖原内容;二是编辑状态,双击单元格出现光标闪烁,此状态下可修改原有内容。

4. 数据的输入。

Excel 的数据所包含的内容很多,通常指文本、数字、日期、公式等内容。

①输入文本。文本作为输入内容,是 Excel 中用得最多的,因此文本是 Excel 输入中的默认方式,输入后默认左对齐。

②输入数字。输入数字如同输入文本一样,可以直接输入,输入时默认设置为右对齐。通常在单元格内输入分数 8/9 会显示为 8 月 9 日,如果想避免这种情况发生,除了将单元格格式设置为"分数"外,还可在 8/9 前面添加一个 0 和一个空格(在 0 与 8/9 之间即可),但是用此法输入的分母最大不能超过 99。

③录入文本格式数字。如果在单元格中输入文本格式的数字(例如"身份证号码"),除了事先将单元格设置为文本格式外,只需在数字前面加一个" ' "(单引号)即可。

④输入时间。时间的输入格式为"时:分:秒",而且有 12 小时制和 24 小时制两种,常用的是 24 小时制。例如,晚上六点半,正确的输入格式为"18:30"。

如果使用 12 小时制,则在输入时间后,要加上空格和 Am(表示上午)或 Pm(表示下午)。例如,晚上 6 点半,正确的输入格式为"6:30 Pm"。注意:时间 6:30 和 Pm 之间一定要加上空格。

【课后习题】

下图是一份个人简历，同学们，根据所学知识来将它制作出来吧，如图 5-9 所示。

个 人 简 历

姓　名		出生日期		应聘岗位	
性　别	民族	籍　贯			
户籍地址		政治面貌		照片	
通讯地址					
服务单位					
身份证号码					
部门		职称			
联络电话		传真			
婚姻状况		未婚　已婚　子女　人			
最高学历	年　　学校	科（系）毕业			
学　历	学校名称	科系	时间		
工作经历	起止日期	公司（机关）名称	地点	职务	
专长					
备注					
紧急联络人		关系			
地址		电话			

图 5-9　个人简历效果图

实例 6　销售业绩统计分析表——公式及函数应用

【学习目标】

- 掌握公式定义方法与单元格引用
- 掌握 Excel 常用运算符
- 掌握 Excel 公式格式
- 掌握常用函数

【任务描述】

本学期的学习已经结束，学校决定为各班发放奖学金。现在需要统计本期各班的得奖情况,并根据得奖情况计算出每班的得奖比例,然后根据比例发放奖学金。

【操作步骤】

1. 计算班级得奖人数、班级总人数、各类别奖项得奖总人数。

Excel2010 用求和函数对所选单元格数据进行求和,只需选中要计算的区域,自动计算结果即能得到,其余各项的合计可以利用自动填充完成。选中 C16 单元格,然后单击"开始"选项卡中"编辑"组中的"自动求和",选择常用函数"sum( )",如图 6-1 所示。最后选择求和数值范围"C5:C15"进行求和,如图 6-2 所示。

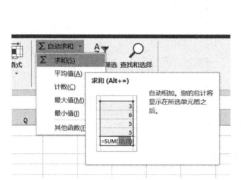

图 6-1　选择求和函数　　　　　　　　图 6-2　自动填充求和

2. 利用公式求班级得奖人数比例和班级占全校得奖比例。

班级得奖人数比例是指每个班级的得奖人数占班级总人数的比例。在表格中就是 G 列/C 列,也是公式应用中相对引用的问题,把光标定位在 H5 单元格,输入"=",再用鼠标单击 G5 单元格,输入符号"/",最后,将鼠标单击 C5 单元格,这时,在编辑栏中可以看见输入完毕的公式"=G5/C5",如图 6-3 所示。

2018级各班奖学金分配表

班级名称	所属系部	班级人数	得奖人数			得奖人数总数	班级得奖人数比例	班级占全校得奖比	班级奖金总额
			一等奖	二等奖	三等奖				
18财会	文科部	38	1	2	4	7	=G5/C5		
18电子商务	计算机系	38	1	2	4	7			
18机械	机械系	32	1	2	4	7			
18计算机	计算机系	40	1	2	4	7			
18金融	文科部	40	1	2	5	8			
18企业管理	文科部	33	1	2	4	7			
18摄影摄像	艺术部	40	2	2	3	7			
18书画艺术	艺术部	34	1	2	4	7			
18物流	文科部	46	1	3	4	8			
18行政管理	文科部	52	2	3	6	11			
18装潢艺术	艺术部	38	1	3	4	8			
合计		431	13	25	47	85			

图 6-3　比例计算公式

单击编辑栏中的 ✓,在 H5 单元格中得到计算结果"18.4%"。如果看到的数据不是百分比,则可以先选中 H5 单元格,单击"开始"选项卡下"数字"组中的"百分比"按钮 %,就能将计算结果置换成百分比的样式。

第 6 行到 15 行的数据,可以利用前面学过的自动填充柄功能来计算完成。当利用自动填充柄把 H5 单元格中的公式拖动到 H6 单元格时,可以看到此时编辑栏中的公式变成了"=G6/C6",如图 6-4 所示。

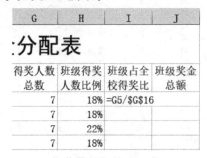

图 6-4　自动填充柄功能

3. 计算班级得奖人数占全校得奖人数的比例。

班级得奖人数占全校得奖人数的比例,是指每个班级里得到奖励的人数占全校得奖总人数的百分比。在表格中,就是把每个班级的 G 列数据,与全校得奖人数的 G16 单元格中的数据相比较。每个班级的得奖人数是不同的,而全校的总的得奖人数是固定的,即 G16 单元格中现在的数据"85"是固定的。这就是公式应用中的绝对引用。

把光标定位在 I5 单元格,在编辑栏中输入"=G5/＄G＄16",如图 6-5 所示,这里的两个"＄"符号表示 G16 单元格式的绝对引用,它不会随着自动填充柄的移动而改变。

单击编辑栏前面的✓,即可在 I5 单元格中得到 I5 单元格的计算结果"8.2%"。对于第 6 行到第 15 行的数据,可以用自动填充柄的功能来完成。可以看到,公式中的单元格位置变成"G7/＄G＄16""G8/＄G＄16""G9/＄G＄16"……分母中的 G16 是不变动的,这就是绝对引用的效果。如图 6-6 所示。

得奖人数 总数	班级得奖 人数比例	班级占全 校得奖比	班级奖金 总额
7	18%	=G5/$G$16	
7	18%		
7	22%		
7	18%		

图 6-5　绝对引用的输入

| I11 | : | × | ✓ | fx | =G11/$G$16 | | | | |

	A	B	C	D	E	F	G	H	I	J
1	**2018级各班奖学金分配表**									
2										
3	班级名称	所属系部	班级人数	得奖人数			得奖人数总数	班级得奖人数比例	班级占全校得奖比	班级奖金总额
4				一等奖	二等奖	三等奖				
5	18财会	文科部	38	1	2	4	7	18%	8.2%	3600
6	18电子商务	计算机系	38	1	2	4	7	18%	8.2%	3600
7	18机械	机械系	32	1	2	4	7	22%	8.2%	3600
8	18计算机	计算机系	40	1	2	4	7	18%	8.2%	3600
9	18金融	文科部	40	1	2	5	8	20%	9.4%	3900
10	18企业管理	文科部	33	1	2	4	7	21%	8.2%	3600
11	18摄影摄像	艺术部	40	2	2	3	7	18%	8.2%	4500
12	18书画艺术	艺术部	34	1	2	4	7	21%	8.2%	3600
13	18物流	文科部	46	1	3	5	9	20%	10.6%	4500
14	18行政管理	文科部	52	2	3	6	11	21%	12.9%	6000
15	18装潢艺术	艺术部	38	1	3	4	8	21%	9.4%	4200
16	合计		431	13	25	47	85			44700

图6-6　公式绝对引用的效果

【知识链接】

1. 公式的定义。

在 Excel 中输入公式时首先输入"＝",简单的公式有加、减、乘、除等运算,复杂一些的公式可能包含函数、引用、运算符和常量等。在编辑栏或单元格中输入"＝"及数据后按 Enter 键或鼠标单击编辑栏左侧的"√"完成公式定义;按 Esc 键或单击编辑栏的"×"按钮取消公式。

公式定义完成后,可通过公式复制来实现所有数据的计算。复制公式的方式如下:

(1)通过复制、粘贴实现公式复制。

(2)通过"ctrl+D"向下复制公式或按"Ctrl+R"向右复制公式。

(3)通过自动填充复制公式。

2. 公式中的运算符。

(1)算术运算符。

常见的算术运算符如表 6-1 所示,用于完成基本的数学运算,返回的是一个数值。算术运算的结果如图 6-7 所示。

表6-1　算数运算符

算术运算符	含　义
+	加号
−	减号
*	乘号
/	除号
^	乘幂
%	百分比

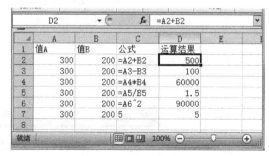

图6-7　算术运算的结果

（2）比较运算符（如表6-2所示）。

表6-2　比较运算符

比较运算符	含　义
<	小于
<=	小于等于
>	大于
>=	大于等于
=	等于
<>	不等于

比较运算符返回的是 TRUE（真值）或 FALSE（假值），如图6-8所示。

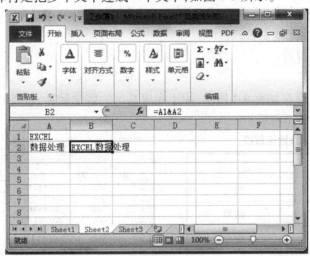

图6-8　比较运算的结果

（3）文本连接运算符。

文本连接运算符是把多个文本连成一个文本，如图6-9所示。

图6-9　文本连接运算符

3. 单元格的引用。

在 Excel 中第一个公式完成后，可以利用公式复制来完成其他同样的计算。公式复制后，计算的结果不一定正确，关键是看公式中单元格的引用格式是否正确。以 A1 单元格为例看公式中单元格引用的格式,如表 6-3 所示。

表 6-3 单元格引用的含义

单元格引用	含　义
A1	公式复制时行变列也变,行是相对行,列是相对列
$ A $ 1	公式复制时行列都不变,行是绝对行,列是绝对列
A $ 1	公式复制时 A $ 1 是列变行不变,列是相对列,行是绝对行
$ A1	公式复制是 $ A1 是行变列不变,行是相对行,列是绝对列

4. 常用函数。

函数格式:=函数名称(函数)。注意"="是必不可少的,参数一般采用单元格或区域的表示法,按 Enter 键结束。

例如,用函数输入法计算所有学生的总成绩。单击 G3 单元格(计算王小英),输入"=SUM(C3:F3)",按 Enter 键。其中"C3:F3"是求和函数 SUM 的参数,表示从 C3 单元格到 F3 单元格的区域。

Excel 计算中经常用到函数,如表 6-4 所示。

表 6-4 常用函数

函　数	含　义
Sum( )	返回某一单元格区域中所有数字之和
AVERAGE( )	返回参数的平均值(算术平均值)
MAX( )	返回一组值中的最大值
MIN( )	返回一组值中的最小值
IF( )	根据对指定的条件计算结果为 TRUE 或 FALSE,返回不同的结果
AND( )	所有参数的逻辑值为真时,返回 TRUE;只要一个参数的逻辑值为假,即返回 FALSE
OR( )	在其参数组中,任何一个参数的逻辑值为 TRUE,即返回 TRUE;任何一个参数的逻辑值为 FALSE,即返回 FALSE
COUNT( )	返回包含数字的单元格的个数以及返回参数列表中的数字个数
COUNTIF( )	计算区域中满足给定条件的单元格的个数
COUNTIFS( )	计算某个区域中满足给定条件的单元格的个数
SUMIF( )	按给定条件对指定单元格求和
SUMIFS( )	对某一区域满足多重条件的单元格数目
LEFT( )	根据所指定的字符数,返回文本字符串中第一个字符或前几个字符
VALUE( )	将代表数字的文本字符串转换成数字
VLOOKUP( )	在表格数组的首列查找指定的值,并由此返回表格数组当前行中其他列的值
PMT( )	基于固定利率及等额分期付款方式,返回贷款的每期付款额

【课后习题】

联谊科技有限公司要发放 12 月份员工的工资,现在请大家为公司制作工资发放表。具体要求如下:

1. 利用 sum 函数计算"应发合计",包含基本工资、奖金、工龄工资和各项补助。

2. 计算"养老保险",为"基本工资"的8%。

3. 计算"医疗保险",为"基本工资"的2%。

4. 计算"住房公积金",为"基本工资"的12%。

5. 计算"其他扣缴",为"基本工资"的1%。

6. 计算"实发工资",为"应发合计"减去"养老保险""医疗保险""住房公积金""其他扣缴"。

7. 完成其他格式设置,本任务制作的效果如图6-10所示。

联谊科技有限公司12月份员工工资表

姓名	部门	职务	工龄	基本工资	奖金	工龄工资	各项补助	应发合计	养老保险	医疗保险	住房公积金	其他扣缴	实发工资
王宏	公司办	经理	13	¥4,500.00	¥600.00	¥650.00	¥100.00	¥5,850.00	¥360.00	¥90.00	¥540.00	¥45.00	¥4,815.00
刘文山	财务部	经理	13	¥4,500.00	¥500.00	¥650.00	¥100.00	¥5,750.00	¥360.00	¥90.00	¥540.00	¥45.00	¥4,715.00
张高明	销售部	经理	6	¥4,500.00	¥800.00	¥300.00	¥200.00	¥5,800.00	¥360.00	¥90.00	¥540.00	¥45.00	¥4,765.00
徐莉	后勤处	经理	10	¥4,500.00	¥500.00	¥500.00	¥100.00	¥5,600.00	¥360.00	¥90.00	¥540.00	¥45.00	¥4,565.00
夏韵	销售部	职员	5	¥2,400.00	¥800.00	¥250.00	¥200.00	¥3,650.00	¥192.00	¥48.00	¥288.00	¥24.00	¥3,098.00
周赫鹏	销售部	职员	3	¥2,400.00	¥800.00	¥150.00	¥200.00	¥3,550.00	¥192.00	¥48.00	¥288.00	¥24.00	¥2,998.00
孔鹤	销售部	职员	2	¥2,400.00	¥800.00	¥100.00	¥200.00	¥3,500.00	¥192.00	¥48.00	¥288.00	¥24.00	¥2,948.00
韩清泉	销售部	职员	3	¥2,400.00	¥800.00	¥150.00	¥200.00	¥3,550.00	¥192.00	¥48.00	¥288.00	¥24.00	¥2,998.00
卢丹	销售部	职员	4	¥2,400.00	¥800.00	¥200.00	¥200.00	¥3,600.00	¥192.00	¥48.00	¥288.00	¥24.00	¥3,048.00
姜月	销售部	职员	1	¥2,400.00	¥800.00	¥50.00	¥200.00	¥3,450.00	¥192.00	¥48.00	¥288.00	¥24.00	¥2,898.00
郭秋月	销售部	实习生	0	¥2,400.00	¥800.00	¥ -	¥100.00	¥2,500.00	¥120.00	¥30.00	¥180.00	¥15.00	¥2,155.00
樊志伟	销售部	实习生	0	¥1,500.00	¥800.00	¥ -	¥100.00	¥2,400.00	¥120.00	¥30.00	¥180.00	¥15.00	¥2,055.00
祖薇	销售部	职员	7	¥2,400.00	¥500.00	¥350.00	¥100.00	¥3,350.00	¥192.00	¥48.00	¥288.00	¥24.00	¥2,798.00
刘宏博	财务部	职员	8	¥2,400.00	¥800.00	¥400.00	¥100.00	¥3,400.00	¥192.00	¥48.00	¥288.00	¥24.00	¥2,848.00
宋琳	财务部	职员	5	¥2,400.00	¥500.00	¥250.00	¥100.00	¥3,250.00	¥192.00	¥48.00	¥288.00	¥24.00	¥2,698.00
王浩	公司办	职员	6	¥2,400.00	¥600.00	¥300.00	¥100.00	¥3,400.00	¥192.00	¥48.00	¥288.00	¥24.00	¥2,848.00
梁广硕	公司办	职员	6	¥2,400.00	¥600.00	¥300.00	¥100.00	¥3,400.00	¥192.00	¥48.00	¥288.00	¥24.00	¥2,848.00

图6-10 工资表效果图

实例7 期末成绩处理表——数据的排序、筛选与分类汇总

【学习目标】

● 掌握 Excel 表格中数据的排序

● 掌握 Excel 表格中数据的筛选

● 掌握 Excel 表格中数据的分类汇总

【任务描述】

本校高二学生第二学月月考结束,学校需要对每个班的成绩进行分析汇总。请同学们根据要求对月考成绩进行排序和汇总,以便更清楚地了解学生学习情况。

【操作步骤】

1. 启动 Excel2010,在本书配套素材中打开模块二\实例7\素材\恒大中学高二年级月

考成绩统计表. xlsx 文件。

2. 选择 sheet1 工作表,用求和函数对所选单元格数据进行求和,只需选中要计算的区域,自动计算结果即能得到,如图 7-1 所示。其余各项合计可以利用自动填充完成。选中 G3 单元格,然后单击"开始"选项卡中"编辑"组中的"自动求和",选择常用函数 sum( ),最后选择求和数值范围 C3:F3 进行求和。其余各项合计利用自动填充功能完成,如图 7-2 所示。

图 7-1　选中求和函数

	A	B	C	D	E	F	G	H
1			恒大中学高二考试成绩表					
2	姓名	班级	语文	数学	英语	政治	总分	
3	李平	高二(一)班	72	75	69	80	296	
4	麦孜	高二(二)班	85	88	73	83	329	
5	张江	高二(一)班	97	83	89	88	357	
6	王硕	高二(三)班	76	88	84	82	330	
7	刘梅	高二(三)班	72	75	69	63	279	
8	江海	高二(二)班	92	86	74	84	336	
9	李朝	高二(三)班	76	85	84	83	328	
10	许如润	高二(一)班	87	83	90	88	348	
11	张玲铃	高二(三)班	89	67	92	87	335	
12	赵丽娟	高二(二)班	76	67	78	97	318	
13	高峰	高二(二)班	92	87	74	84	337	
14	刘小丽	高二(三)班	76	67	90	95	328	
15	各科平均分							

图 7-2　利用自动填充求和

3. 选择 sheet1 工作表,用平均值函数对所选单元格数据进行平均值的计算,只需选中要计算的区域,自动计算平均值即能得到,如图 7-3 所示。其余各项合计可以利用自动填充完成。选中 C15 单元格,然后单击"开始"选项卡中"编辑"组中的"平均值",选择常用函数 AVERAGE( ),最后选择求平均值的值范围 C3:C14 进行计算。其余各项合计利用自动填充功能完成,如图 7-4 所示。

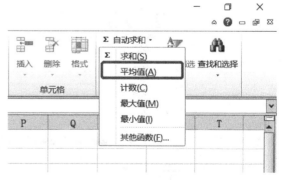

图 7-3　选中求平均值函数

C15	▼		*fx*	=AVERAGE(C3:C14)			
	A	B	C	D	E	F	G	H
1		恒大中学高二考试成绩表						
2	姓名	班级	语文	数学	英语	政治	总分	
3	李平	高二（一）班	72	75	69	80	296	
4	麦孜	高二（二）班	85	88	73	83	329	
5	张江	高二（三）班	97	83	89	88	357	
6	王硕	高二（三）班	76	88	84	82	330	
7	刘梅	高二（三）班	72	75	69	63	279	
8	江海	高二（一）班	92	86	74	84	336	
9	李朝	高二（三）班	76	85	84	83	328	
10	许如润	高二（一）班	87	83	90	88	348	
11	张玲铃	高二（三）班	89	67	92	87	335	
12	赵丽娟	高二（二）班	76	67	78	97	318	
13	高峰	高二（二）班	92	67	74	84	337	
14	刘小丽	高二（三）班	76	67	90	95	328	
15	各科平均分		82.5	79.25	80.5	84.5		
16								

图7-4　利用自动填充求平均值

4. 选择 sheet2 工作表，单击数据中的任意位置，然后单击"开始"选项卡中"编辑"组中的"排序和筛选"，再单击"筛选"，如图 7-5 所示。

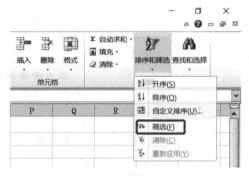

图7-5　选择筛选

然后单击"语文"科目旁边的小三角 ▼ ，选择"数字筛选"中的"大于或等于"，设置筛选条件。其他的科目按照以上相同方式进行操作。如图 7-6 和图 7-7 所示。

5. 选择 Sheet3 工作表，选中 i3 单元格，然后单击"数据"选项卡"数据工具"组中的"合并

图7-6　选择大于或等于

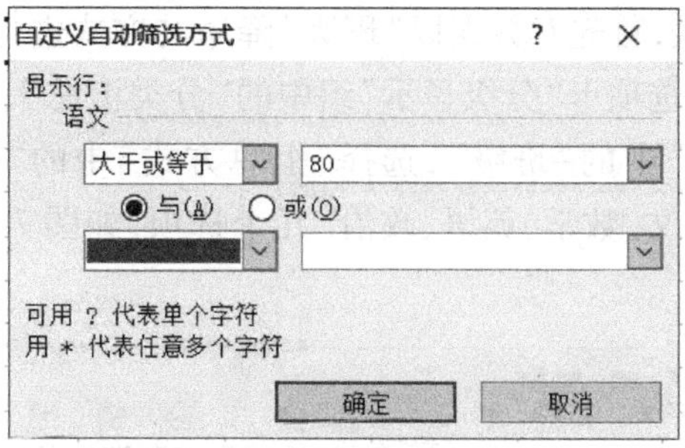

图 7-7　自定义筛选方式

计算”,如图 7-8 所示。然后在对话框中选择“函数”中的“平均值”,在“引用位置”中单击“[按钮图标]”按钮选择数据,然后在“标签位置”中勾选“最左列”。如图 7-9 所示。

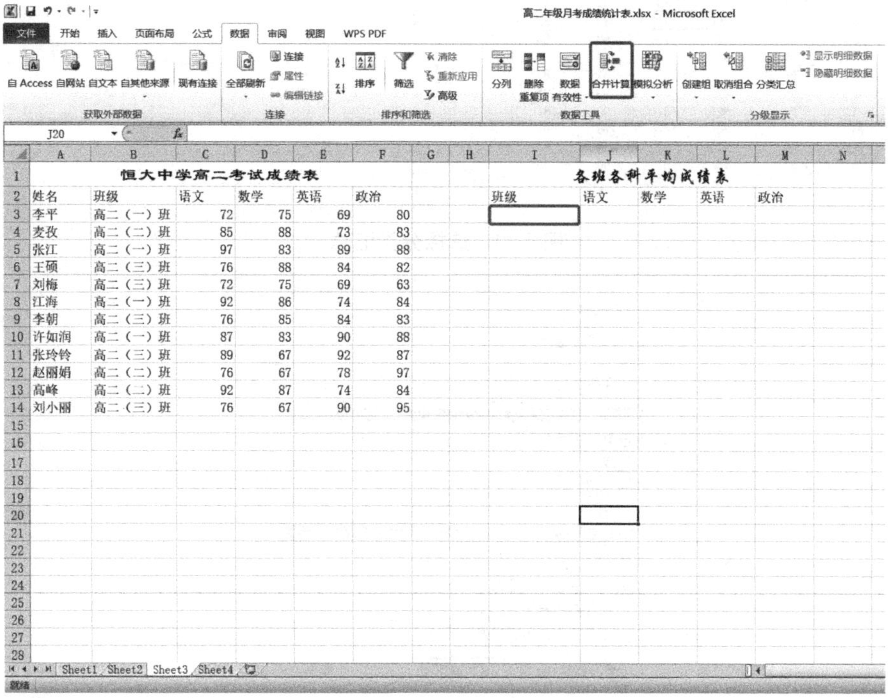

姓名	班级	语文	数学	英语	政治
李平	高二(一)班	72	75	69	80
麦孜	高二(二)班	85	88	73	83
张江	高二(一)班	97	83	89	88
王硕	高二(三)班	76	88	84	82
刘梅	高二(三)班	72	75	69	63
江海	高二(一)班	92	86	74	84
李朝	高二(三)班	76	85	84	83
许如润	高二(一)班	87	83	90	88
张玲铃	高二(三)班	89	67	92	87
赵丽娟	高二(二)班	76	67	78	97
高峰	高二(二)班	92	87	74	84
刘小丽	高二(三)班	76	67	90	95

图 7-8　选择合并计算

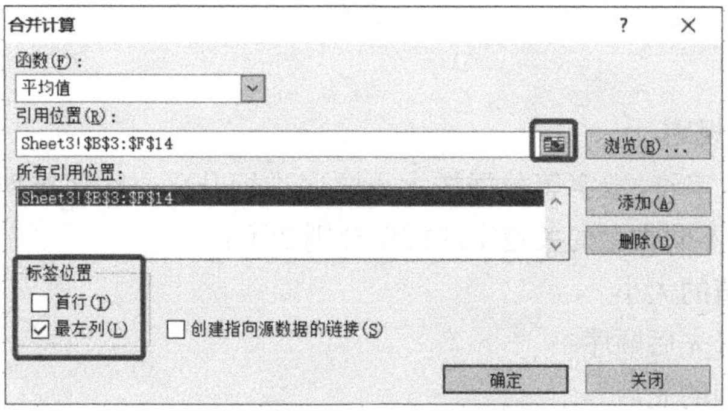

图 7-9　设置合并计算参数

6. 选择 Sheet4 工作表,首先对数据以"班级"降序的方式进行排序。单击数据中的任意位置,然后单击"数据"选项卡"分级显示"组中的"分类汇总",如图 7-10 所示。然后在对话框中选择"分类字段"中的"班级",选择"汇总方式"中的"平均数"为分类字段,在"选定汇总项"中勾选"语文、数学、英语、政治"几个选项,如图 7-11 所示。完成各科成绩平均值的分类汇总。

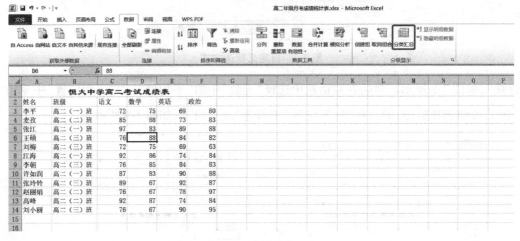

图 7-10 选择分类汇总

图 7-11 设置分类汇总参数

【知识链接】

1. 数据排序的规则。

EXCEL 允许对字符、数字等数据按大小顺序进行升序或降序排列,要进行排序的数据称之为关键字。不同类型的关键字的排序规则如下:

- **数值**:按数值的大小。
- **字母**:按字母先后顺序。
- **日期**:按日期的先后。
- **汉字**:按汉语拼音的顺序或按笔画顺序。
- **逻辑值**:升序时 FALSE 排在 TRUE 前面,降序时相反。

- **空格**：总是排在最后。

2. 数据排序的筛选。

数据筛选是数据表格管理的一个常用项目和基本技能，通过数据筛选可以快速定位符合特定条件的数据。

- **自动筛选**：打开需要筛选的表格 EXCEL 文件，使用鼠标点击单元格定位到含有数据的随意一单元格区域，点击菜单栏-数据-筛选-自动筛选。
- **筛选方式**：点击数字筛选可以为含有大量数据的表格文件进行特定的数据筛选或某个数值区间的数据筛选。
- **高级筛选**：点击菜单栏-数据-筛选-高级筛选，以此打开高级筛选的菜单。
- **列表区域和条件区域**：打开高级筛选后可输入单元格范围或使用鼠标勾选需要的区域，分别勾选列表区域和条件区域。

3. 数据的分类与汇总。

在对数据进行分析时，常常需要将相同类型的数据统计出来，这就是数据的分类与汇总。在对数据进行汇总之前，应特别注意的是：首先必须对要汇总的关键字进行排序。

【课后习题】

某图书销售商有三家分店，临近年底，老板需要对三家书店进行盘点，对各个书店销售情况进行分析汇总。请同学们根据要求对书店的销售数据进行排序和汇总，以便更清楚地了解书店的销售情况。

1. 在 Sheet1 工作表中以"类别"为主要关键字、"单价"为次要关键字进行降序排序，并对相关数据应用"数据条"中的"绿色数据条"渐变填充的条件格式，实现数据的可视化效果。

2. 在 Sheet2 工作表筛选"销售数量（本）"大于 5 000 或小于 4 000 的记录。

3. 在 Sheet3 工作表中对"文化书店图书销售情况表""西门书店图书销售情况表"和"中原书店图书销售情况表"的表格进行"求和"的合并计算操作。

4. 在 Sheet4 工作表以"类别"为分类字段，对"销售数量（本）"进行求"平均值"的分类汇总。

实例 8 年度销售统计表——表格设置及图表应用

【学习目标】
- 掌握 Excel 单元格格式的设置
- 掌握 Excel 单元格批注的使用
- 掌握 Excel 中图表的使用

【任务描述】

本年度的销售计划已经结束,公司决定对年度销售情况进行统计分析,做好年度总结,请通过 Excel 表格制作图表进行分析。

【操作步骤】

1. 启动 Excel2010,在本书配套素材中打开模块二\实例 8\素材\利达公司 2010 年度各地市销售情况表.xlsx 的文件。

2. 选中单元格"B2:G2",单击"开始"选项卡中"对齐方式"组中的"合并后居中",如图 8-1 所示。然后在"字体"组中设置字体为"华文仿宋",字体大小设置为"20 磅",加粗,然后单击 ✏ 图标的小三角,选中"其他颜色",再点击"自定义",在对话框中输入 146、205、220,单击确定即可。如图 8-2、图 8-3 所示。

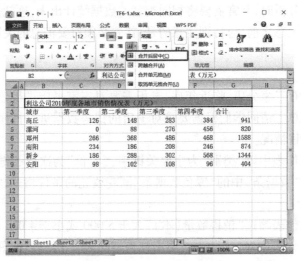

图 8-1　单元格标题居中

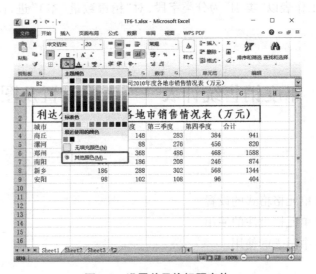

图 8-2　设置单元格标题字体

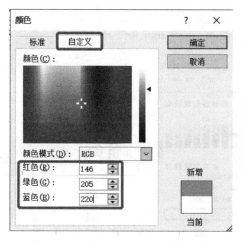

图 8-3　自定义单元格标题字体颜色

3. 选中单元格区域"B3：G3"，将"开始"选项卡中"对齐方式"组中的 ≡ 图标设置为居中对齐。在"字体"组中设置字体为"华文行楷"，字体大小设置为"14 磅"，字体颜色设置为"白色"，如图 8-4 所示。单击 🖊 图标的小三角，选中"其他颜色"，再单击"自定义"，在对话框中输入"200、100、100"，单击确定即可，如图 8-5、图 8-6 所示。选中单元格区域"B4：G9"，单击"开始"选项卡中"对齐方式"组中的 ≡ 图标设置为居中对齐。

图 8-4　季度标题字体设置

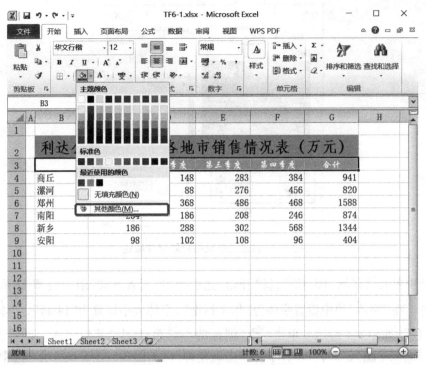

图 8-5　季度标题字体颜色设置

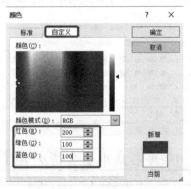

图 8-6　自定义颜色

4. 在工作表中右键单击单元格"C5",选择"插入批注",然后在对话框中输入"该季度没有进入市场"。如图 8-7、图 8-8 所示。

5. 选中 Sheet2 工作表,单击"插入"选项卡"图表"组中的"柱形图",选择"三维簇状柱形图",如图 8-9 所示。然后单击"选择数据",在对话框中单击 按钮,选择 Sheet1 工作表中的数据"B3:F9",然后单击确定即可。如图 8-10、图 8-11 所示。在 Sheet2 工作表中单击"图表工具"选项卡中的"布局",单击"图表标题"选择"图表上方",在弹出的对话框中输入标题"利达公司 2010 年度各地市销售情况表",如图 8-12、图 8-13 所示。单击"坐标轴标题",分别在图表下方的设置横坐标标题"城市",在图表左侧设置纵坐标标题"销售额",如图 8-14、图 8-15 所示。最后输入相应数据即可,最终结果如图 8-16 所示。

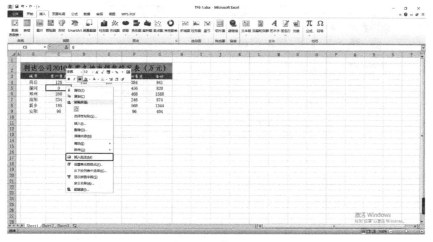

图 8-7　插入批注

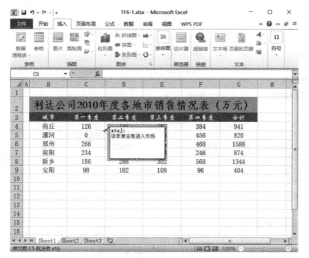

图 8-8　输入批注文字

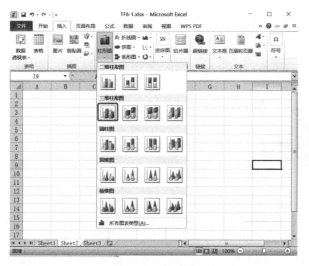

图 8-9　选择图表类型

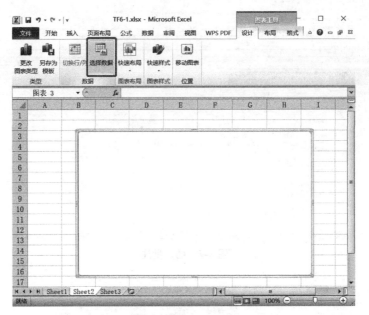

图 8-10　选择数据

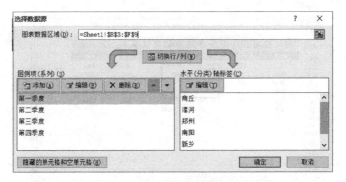

图 8-11　确定数据区域

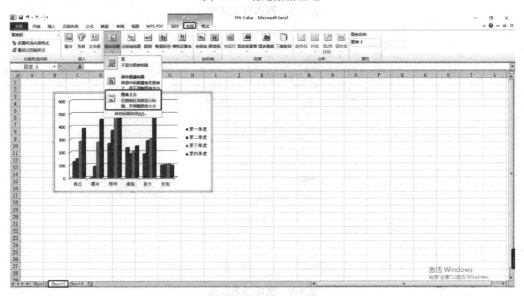

图 8-12　设置图表横坐标标题位置

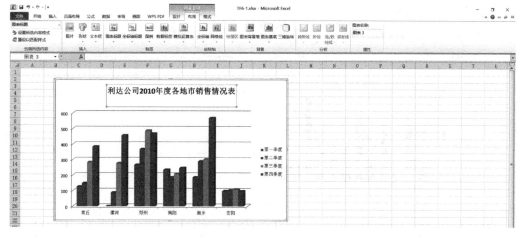

图 8-13　输入图表标题

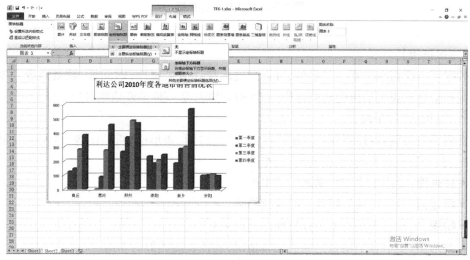

图 8-14　设置城市标题

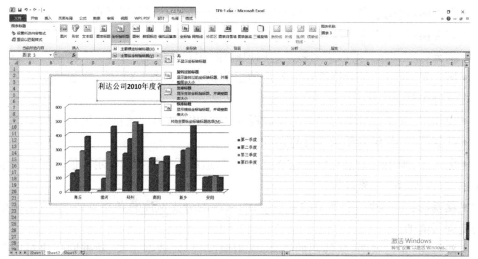

图 8-15　设置图表纵坐标标题位置

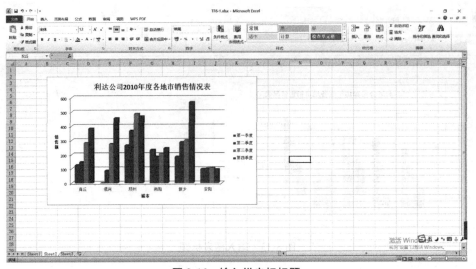

图 8-16　输入纵坐标标题

【知识链接】

数据图表泛指在屏幕中显示的,可直观展示统计信息属性(时间性、数量性等),对知识挖掘和信息直观生动感受起关键作用的图形结构,是一种很好地将对象属性数据直观、形象地"可视化"的手段。

常用图表类型有:柱形图(直方图)、折线图、饼图、条形图、雷达图等,近年来比较酷炫的图表有词云、漏斗图、数据地图、瀑布图等。

- **柱形图**:适用于比较数据之间的多少。
- **折线图**:适于反映一组数据的变化趋势。
- **饼图**:比较适于反映相关数据间的比例关系。
- **条形图**:显示各个项目之间的比较情况,和柱状图类似的作用。
- **数据地图**:适用于有空间位置的数据集。
- **雷达图**:适用于多维数据(四维以上),且每个维度必须可以排序。
- **漏斗图**:适用于业务流程多的流程分析。
- **词云**:显示词频,可以用来做一些用户画像、用户标签的工作。
- **散点图**:显示若干数据系列中各数值之间的关系,类似 XY 轴,判断两变量之间是否存在某种关联。
- **面积图**:强调数量随时间而变化的程度,也可用于引起人们对总值趋势的注意。
- **计量图**:一般用来显示项目的完成进度。
- **瀑布图**:采用绝对值与相对值结合的方式,适用于表达数个特定数值之间的数量变化关系,最终展示一个累计值。
- **桑基图**:是一种特定类型的流程图,始末端的分支宽度总各相等,一个数据从始至终的流程很清晰。
- **双轴图**:是柱状图+折线图的结合,适用情况很多,数据走势、数据同环比对比等情况都能适用。

【课后习题】

某医院正在制作农村出生的 0~1 岁的幼儿基本身体健康调查表,需要对收集的数据进行整合分析,请大家根据任务要求进行设置。

1. 打开素材中的"儿童发育调查表"工作表,将单元格区域"B2:J2"合并后居中,设置字体为"华文行楷"、"24 磅"、天蓝色"RGB:180,220,230",并为其填充深紫色"RGB:85,65,105"的底纹。

2. 分别将单元格区域"B3:B5、C3:F3、G3:J3"均设置为合并后居中格式。将单元格区域"B3:J5"的字体设置为"方正姚体、14 磅",并为其填充淡紫色"RGB:205,190,220"的底纹。

3. 将单元格区域"B6:J13"的对齐方式设置为水平居中,字体为"华文行楷、14 磅、白色",并为其填充紫色的底纹。

4. 在"儿童发育调查表"工作表中,为"60.00"(E9)单元格插入批注:"此处数据有误,请核实。"

5. 使用 Sheet1 工作表中的相关数据在 Sheet2 工作表中创建一个簇状圆柱图。

模块三 *Mokuaisan*

Power Point 演示文稿的制作

概 述

　　本章主要讲解Power Point(以下简称PPT)演示文稿的创建流程;PPT 文字、图片、视频、音频的引用编辑;PPT 美化排版等基础内容。学生通过三个实例的学习之后能全面掌握PPT 演示文稿的常用功能,通过课堂练习的演练能够很好地巩固操作能力。

技能目标

- 认识PPT 演示文稿的界面、三种视图方式等
- 掌握PPT 演示文稿的创建、编辑、播放方式
- 掌握PPT 中文字、图片、音视频等素材的应用
- 掌握PPT 自定义动画、幻灯片的切换等操作

实例9　制作"演讲比赛"PPT——创建演示文稿

【学习目标】
- 掌握 PPT 的启动与退出方式
- 认识 PowerPoint 2010 的工作界面
- 认识 PowerPoint 的五种视图
- 完成一个 PPT 的创建流程和基本内容的编辑

【任务描述】

学校学生会组织演讲比赛,要求参赛者提交一个展示 PPT,小萌报名参加了演讲比赛,但是得知要交 PPT,心里很是忐忑,因为她还没有学习 PPT 制作的相关知识,让我们带着小萌一起来完成任务吧。

【操作步骤】

1. 单击"开始"菜单按钮,启动 PowerPoint 2010。默认情况下,PowerPoint 2010 会创建一个名为"演示文稿1"的演示文稿,其中会有一张包含标题占位符和副标题占位符的空白幻灯片。这个名称说明演示文稿未命名保存,需要单击文稿左上方保存按钮 （或者使用快捷键 Ctrl+S)保存文稿,单击保存按钮之后会出现一个"另存为"对话框,选择文件保存位置,然后在"文件名"的输入框内输入演示文稿名称"演讲比赛 PPT",然后单击下方"保存"按钮,这样一个新的 PPT 演示文稿就创建并命名保存完毕。

图9-1　幻灯片的版式

2. 单击"开始"菜单中的"版式"按钮,就会出现一个展示版式的窗口,如图 9-1 所示,由于我们是演讲比赛,可以选择默认的第一个"标题幻灯片"。

3. 单击"设计"菜单,选择"页面设置"按钮,会出现如图 9-2 所示的窗口。在幻灯片大小那里选择"全屏显示(16∶9)",幻灯片方向选择"横向",单击"确定",页面设置就完成了。

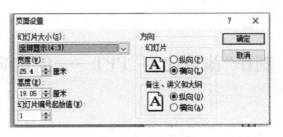

图 9-2　页面设置对话框

4. 单击"设计"菜单下的"背景样式"按钮,打开"背景样式"窗口,单击"设置背景格式"按钮,会出现"设置背景格式"的对话框,选择"图片或纹理填充"按钮,找到"插入自"下方的"文件"按钮,单击出现"插入图片"对话框,点击素材 9-1,再单击"插入"按钮,关闭对话框,这时候幻灯片如图 9-3 所示。

图 9-3　设置图片背景

5. 在标题框中输入演讲标题"在我的祖国"(微软雅黑,44 号,红色),副标题框输入"选手 09:小萌;班级:2018 级计算机(方正楷体,36 号,黑色)",如图 9-4 所示。

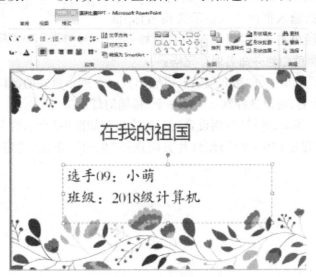

图 9-4　输入标题文字

6. 以上是我们做好演讲比赛 PPT 的第一页封面效果，但是我们的 PPT 不止一页，因此我们还需要添加幻灯片页面。在"开始"菜单下，找到"新建幻灯片"按钮，单击进入"新建幻灯片"的窗口，选择"空白"单击，就新建好一张空白幻灯片，页面左边就增加了一张，如图 9-5 所示。

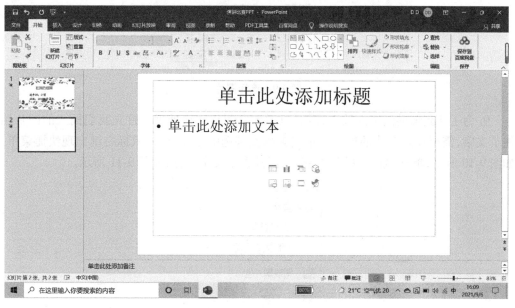

图 9-5　新建幻灯片

7. 由于第二页是空白页，展示文字就需要另外添加文本框，单击"插入"选项卡，单击"文本框"按钮，根据需要选择"横排文本框"，如图 9-6 所示；选中后，鼠标光标变成 ↓ ，在幻灯片编辑区空白处单击鼠标左键，就会出现一个文本框，光标在里面闪烁，即可输入文字，如图 9-7 所示。

8. 为了增强 PPT 画面的展示性，在演讲时，除了文字还需要图片的点缀。在"插入"选项卡下单击"图片"按钮，如图 9-8 所示；这时出现"插入图片"对话框，选择"素材-芦花"，单击"插入"按钮，如图 9-9 完成操作。

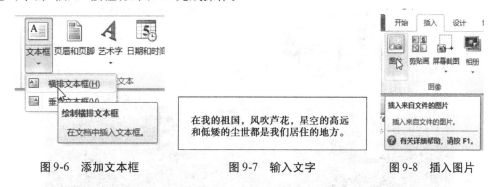

图 9-6　添加文本框　　　　图 9-7　输入文字　　　　图 9-8　插入图片

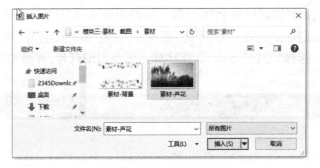

图 9-9　选择图片

9. 为了达到辅助演讲的效果,需要对插入的图片进行处理。首先我们插入的图片挡住了文字,需要设置图片的层次。单击鼠标左键选中图片,单击鼠标右键出现快捷菜单,如图 9-10 所示,单击"置于底层"按钮,将图片置于文字下方,如图 9-11 所示。

图 9-10　图片层次对话框

图 9-11　将图片置于文字下方

10. 单击文本框边框选中文本框，单击"动画"选项卡，选择动画效果里面的"擦除"，如图 9-12 所示，文本框左上角会出现数字 1，代表本页幻灯片第一个动画效果，如图 9-13 所示，然后单击鼠标左键选中图片，以同样的方式设置动画效果。如果还想进行更精细的设置，可以单击"高级动画组"的"动画窗格"按钮，在编辑区右边会出现动画窗格窗口，如图 9-14 所示，按照需求进行设置。

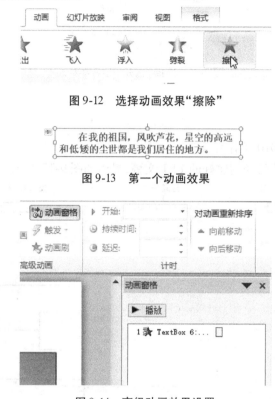

图 9-12　选择动画效果"擦除"

在我的祖国，风吹芦花，星空的高远和低矮的尘世都是我们居住的地方。

图 9-13　第一个动画效果

图 9-14　高级动画效果设置

11. 按照以上方法制作完成 PPT，为了防止数据丢失请大家在制作过程中随时保存。单击"幻灯片放映"选项卡，如图 9-15，单击"从头开始"按钮，播放效果，播放完成后按 Esc 键退出播放状态。

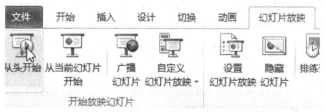

图 9-15　幻灯片放映的设置

12. 由于没有设置幻灯片的切换方式，在播放过程中需要手动单击鼠标左键来欣赏下一页。接下来设置幻灯片的切换效果。首先定位到第一张幻灯片，单击"切换"选项卡，选择"切换到此幻灯片"的"其他"按钮，出现更多效果，选择"细微型"中的"揭开"，如图 9-16 所示，并设置"计时"区域的"换片方式"，取消"单击鼠标时"，勾选"设置自动换片时间"，时间设置为 5 秒，完成后单击"全部应用"按钮，就可以应用到每一张幻灯片。

图 9-16　选择"揭开"切换效果

【知识链接】

认识 PowerPoint 2010 工作界面。

双击桌面图标打开已经创建好的 PPT 文稿,界面如图 9-17 所示。

图 9-17　PPT 文稿主界面

（1）标题栏：显示出软件的名称（Microsoft PowerPoint 和当前文档的名称。

（2）幻灯片/大纲窗格：利用"幻灯片"窗格或"大纲"窗格（单击窗格上方的标签可在这两个窗格之间切换）可以快速查看和选择演示文稿中的幻灯片。其中，"幻灯片"窗格显示了幻灯片的缩略图，单击某张幻灯片的缩略图可选中该幻灯片,此时即可在右侧的幻灯片编辑区编辑该幻灯片的内容；"大纲"窗格显示了幻灯片的文本大纲。

（3）幻灯片编辑区：是编辑幻灯片的主要区域,在其中可以为当前幻灯片添加文本、图片、图形、声音和影片等,还可以创建超链接或设置动画。

（4）状态栏：在此处显示出当前文档相应的某些状态要素。

（5）备注栏：用于为幻灯片添加一些备注信息,放映幻灯片时,观众无法看到这些信息。

（6）视图切换按钮：单击不同的按钮,可切换到不同的视图模式。

【课后习题】

小智想要参加本次中职生文明风采大赛"演讲比赛"主持人选拔,选拔赛要求做自我介绍,小智想做一个PPT来更好地展示自我,请你带他一起来完成。

1. 介绍姓名、年龄、班级、兴趣爱好、特长等。

2. 每页展示内容条理清晰,图文结合,色彩搭配合理。

3. 适当添加动画及切换效果达到动静结合,给自我介绍助力。

实例 10   美化演示文稿

【学习目标】

• 掌握PPT内置主题模板的使用

• 学会插入背景音乐

• 掌握形状、图片的使用

• 能够独立完成制作精美的演示文稿

【任务描述】

小萌参加学校演讲比赛,通过学习制作PPT,做了一份名叫"在我的祖国"的演示文稿。但是初稿只有文字堆砌没有美感,现在需要你带着小萌一起来美化这份PPT。

本任务完成后的PPT效果如图10-1所示。

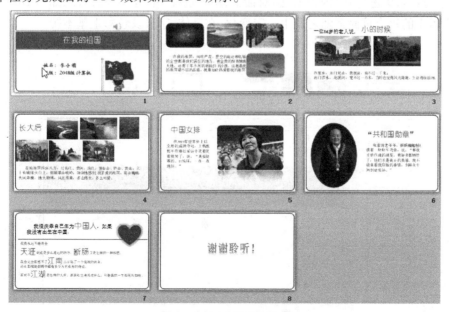

图 10-1   PPT 最终效果图

【操作步骤】

1. 打开本书配套素材文件"模块三 实例 10"-"在我的祖国（原稿）. pptx"，如图 10-2 所示。

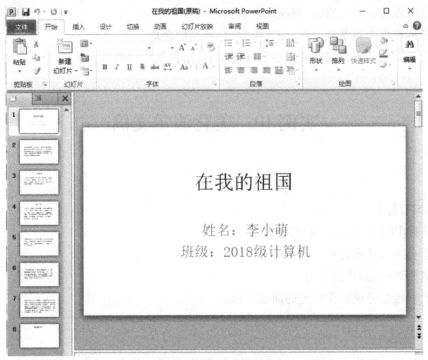

图 10-2　打开 PPT 文件

2. 定位到第一张幻灯片，首先套用主题，单击"设计"进入设计选项卡，找到"主题"里的"其他"按钮，单击打开"内置主题"对话框，单击选择"平衡"主题，效果如图 10-3 所示。这时候 PPT 的每个页面都随之发生一定变化，在字体、字号及色彩上基本统一。

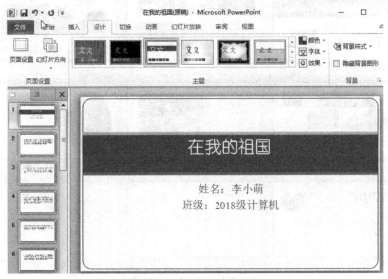

图 10-3　套用"平衡"主题

3. 左键单击"姓名"所在文本框,选中框中所有文字,设置字体为"华文楷体,28 号,加粗",并设置文本左对齐。然后左键单击"姓名"所在文本框边框,将其选中并长按左键将其移至左侧适合的位置。如图 10-4 所示。

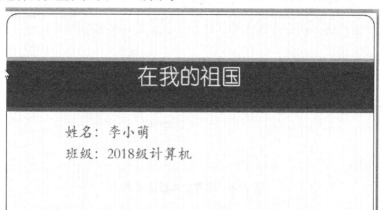

图 10-4　美化文本

4. 单击"插入"进入选项卡,单击"图片"按钮,打开"插入图片"对话框,找到素材-红旗,单击"插入",调整图片到合适位置,如图 10-5 所示,第一张幻灯片文本编辑完成。

图 10-5　插入图片

5. 定位到第二张幻灯片,首先删掉文字前的小圆点,然后将文字选中修改字体为"宋体(正文)、20 号",选中整段文字,单击右键,出现快捷菜单,如图 10-6 所示,选择"段落",将"特殊格式"设置为"首行缩进 2 字符",并将文本框移到合适位置。

6. 插入"素材-星空"的图片,如图 10-7 所示,图片太大了,需要调整。在图片上快速双击左键,菜单栏会出现"图片工具"格式设置工具栏,如图 10-8 所示。

7. 在"图片工具"格式最右边找到"大小"工具组中的高度,将其数字改为 4.35 厘米,宽度会随之按比例改变,如图 10-9 所示。在"图片工具"中的"图片样式"中选择"棱台矩形"样式,如图 10-10 所示,将图片移动到合适位置。

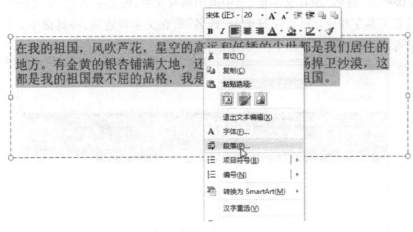

图 10-6　调整文本段落格式

图 10-7　插入图片

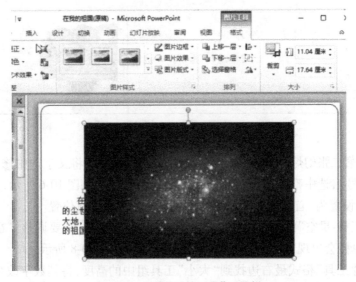

图 10-8　调出"图片工具"工具栏

8. 依次将图片"素材-尘世""素材-银杏""素材-胡杨"插入幻灯片并设置与"素材-星空"相同的高度及图片样式,移动到合适位置,如图 10-11 所示。

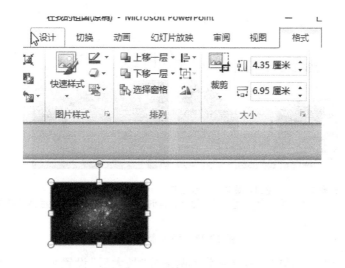

图 10-9 调整图片大小

在我的祖国，风吹芦花，星空的高远和低矮的尘世都是我们居住的地方。有金黄的银杏铺满大地，还有千年不死的胡杨捍卫沙漠，这都是我的祖国最不屈的品格，我是如此热爱着我的祖国。

图 10-10 设置图片样式

在我的祖国，风吹芦花，星空的高远和低矮的尘世都是我们居住的地方。有金黄的银杏铺满大地，还有千年不死的胡杨捍卫沙漠，这都是我的祖国最不屈的品格，我是如此热爱着我的祖国。

图 10-11 调整图片样式、位置

9. 定位到第三张幻灯片，首先将文本分成三部分，将"一位 86 岁的老人说，"设置为"宋体（正文），26 号"，将"小的时候"设置为"幼圆（标题），40 号"，将组后一部分文字设置为"宋体（正文），20 号"，将各部分文字移动到相应位置。

10. 依次插入图片"素材-黄土坡"和"素材-龙溪河"，并设置其高度为 5.58 厘米，移动到合适位置，如图 10-12 所示。

一位86岁的老人说， 小的时候

在家乡，开门见山，黄板岩，高不过一千米；
出门涉水，龙溪河，宽不过一百米，当时也觉得风光旖旎，生活得很滋润。

图 10-12　插入素材图片

11. 定位到第四张幻灯片，将文字分为两部分"长大后"设置为幼圆（标题）"40 号，其余部分设置为宋体（正文）"20 号，将各部分文字移动到相应位置。

12. 依次插入"素材-长江""素材-黄河""素材-珠江""素材-泰山""素材-庐山""素材-黄山"并将这些图片的高度设置为 4 厘米，移动到合适位置，如图 10-13 所示。

长大后

走遍祖国四面八方，过长江、黄河，珠江，登泰山、庐山、黄山，立于长城烽火台上，俯瞰崇山峻岭，深深地感到，我亲爱的祖国，高山巍峨，大河奔腾，地大物博，风光秀美，多么伟大，多么可爱。

图 10-13　插入素材图片

13. 按照第二、三、四张幻灯片的样式依次设置第五、六张幻灯片，如图 10-14、图 10-15 所示。第五张图片样式为"映像圆角矩形"，第六张图片样式为"棱台型椭圆（黑色）"。

中国女排

在2019年世界杯上以全胜的成绩夺冠，主教练郎平在赛后采访中笑着笑着就哭了，说，"其实挺难的。11场球，一点一点地拼。"

图 10-14　选择图片样式

图 10-15　选择图片样式

14. 定位到第 7 张幻灯片,将文字分为两部分,将第一部分"我很庆幸……"设置为
"宋体(正文),26 号",将其中"中国人"三个字设置为"幼圆(标题),40 号"。将第二部分
"我将永远不能……"设置为"宋体(正文),18 号",将其中"天涯""断肠""江南""江湖"
四个词设置为"幼圆(标题),40 号"。

15. 单击"插入"选项卡,单击"形状"按钮出现"形状菜单",如图 10-16 所示。单击
"线条"里面的"直线",按住"shift"键在编辑区长按鼠标左键拖出一条长直线,如图 10-17
所示。左键双击直线,出现"绘图工具"选项卡,在"形状样式"工具组中单击"形状轮廓",
选择"标准色"中的"深红","粗细"中的"2.25 磅",如图 10-18 所示。在"形状效果"中选
择"阴影"里面的"向下偏移",如图 10-19 所示。

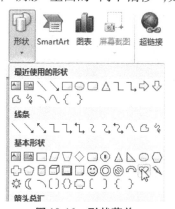

图 10-16　形状菜单

图 10-17　画长直线

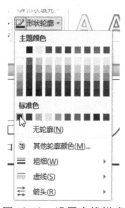

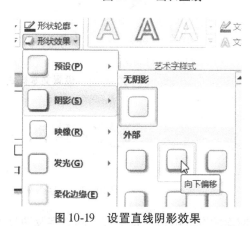

图 10-18　设置直线样式　　　　图 10-19　设置直线阴影效果

16. 按照上一步骤插入"心形"并设置其"形状填充"为"红色","形状轮廓"为"无", "形状效果"为"发光"-褐色,18pt 发光,强调文字颜色 6",最终效果如图 10-20 所示。

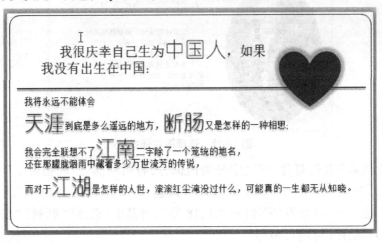

图 10-20　设置心形的样式

17. 定位到第八张幻灯片,选中文本,单击"插入"选项卡,单击"艺术字"按钮,选择 "填充-橙色,强调文字颜色 1,塑料棱台,映像"样式,如图 10-21 所示,文字效果显示如图 10-22 所示。

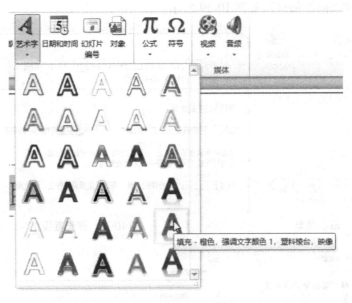

图 10-21　设置文本样式

谢谢聆听!

图 10-22　文字效果图

18. 按照前面的方法给每一张幻灯片的文字及图片添加合适的动画效果。

19. 定位到第一张幻灯片,单击"插入"选项卡"媒体"工具组中的"音频"按钮,选择"文件中的音频",如图 10-23 所示。打开"插入音频"对话框,选择素材中的"背景音乐",单击"插入",音频就被插入了,如图 10-24 所示。

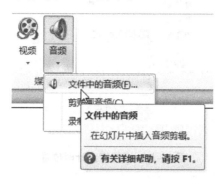

图 10-23　打开插入音频对话框

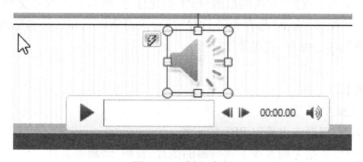

图 10-24　插入音频

20. 将音频图标移动到幻灯片编辑区之外,以避免播放过程中出现图标。打开"动画窗格",在"背景音乐"上右键单击出现快捷菜单,选择"从上一项开始",如图 10-25 所示,设置背景音乐直接播放,在"计时"-"重复"里选择"直到幻灯片末尾",如图 10-26 所示,让音乐一直重复到幻灯片播放结束。

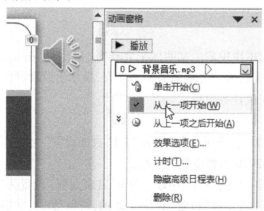

图 10-25　设置音频开始播放的时间

图10-26 设置音频计时位置

21. 按照实例一步骤10给每一张幻灯片设置合适的幻灯片切换效果。

22. 以上就完成了我们"在我的祖国"PPT美化任务,按 Ctrl+S 保存文档并播放浏览。接着单击菜单栏"文件"选择"另存为",打开"另存为对话框",将文件名称改为"'在我的祖国'美化效果",单击保存,完成操作。

【知识链接】

创建演示文稿主要流程

(1)确定主题:根据需求确定 PPT 的主题。

(2)准备素材:依据主题查找下载所需的图片、音频、动画等素材。

(3)确定方案:对整个 PPT 做整体架构设计,比如:几页,每一页大概什么内容。

(4)初步制作:将文字、图片等素材放到相应页面的合适位置。

(5)美化装饰:对初步制作完成的 PPT 进行美化,如色彩、动画及音频播放的设置。

(6)预览播放:对完成的 PPT 进行播放并观看效果。

(7)修改完成:对播放过程中觉得不合适的地方进行修改。

【课后习题】

小智是老师指定的本次中职生文明风采大赛"演讲比赛"的主持人,老师要求小智做一个用于演讲比赛的PPT,并且要求画面简洁美观,展示出这次演讲比赛的各个环节。让我们带着小智一起来完成任务吧!

任务要求:

1. 打开"课后习题原稿"演示文稿,设置 PPT"页面设置"为"全屏显示16:9"。

2. 套用 PowerPoint2010 内置主题"新闻纸"。

3. 文字编辑。将第一张幻灯片"中职生文明风采大赛"设置为"微软雅黑(标题),白色-背景1,60 号",将"演讲比赛"设置为"华文琥珀,灰色-80%、文字2,54 号",将"主办承办"两行字设置为"华文楷体,黑色-文字1,24 号";将"第一项"至"第五项"的文本设置为"微软雅黑(标题),黑色-文字1-淡色15%,54 号";将第二张至第六张幻灯片的"校长致辞"至"合影留念"文本设置为"华文琥珀,深红,54 号",将第三张幻灯片的"十名选手"文本设置为"华文楷体,黑色-文字1,24 号";将第七张幻灯片"The end,"设置为"Impact(标题),黑色-文字 1-淡色 15%,54 号",将"thanks!"设置为"Impact(标题),深红,54 号"。

4.为 PPT 的所有文字设计适合的动画效果,为每一页幻灯片设置切换方式为"随机线条","自动换片时间"为 5 秒。

5.将 PPT 的文字放在合适的位置,使每一页风格统一,简洁大方。

本任务完成参考效果如图 10-27 所示。

图 10-27　演讲比赛 PPT 效果图